Fertigungstechnik – Grundkenntnisse in einfacher Sprache

Katrin Kappenstein

1. Auflage

Handwerk und Technik – Hamburg

ISBN 978-3-582-03080-1 Best.-Nr. 3080

Die Normblattangaben werden wiedergegeben mit Erlaubnis des DIN Deutsches Institut für Normung e.V. Maßgebend für das Anwenden der Norm ist deren Fassung mit dem neuesten Ausgabedatum, die bei der Beuth Verlag GmbH, Burggrafenstraße 6, 10787 Berlin, erhältlich ist.

Verlag Handwerk und Technik GmbH,
Lademannbogen 135, 22339 Hamburg; Postfach 63 05 00, 22331 Hamburg – 2022
E-Mail: info@handwerk-technik.de – Internet: www.handwerk-technik.de

Umschlagmotive:
Shutterstock Images LLC, New York, USA: Bild 2©Pixel B; 3©Zhak Yaroslav; 4©N_Sakarin
stock.adobe.com: Bild 1©Ingo Bartussek

Satz und Layout: tiff.any GmbH & Co. KG, 10999 Berlin
Druck: Himmer GmbH, 86167 Augsburg

Vorwort

Willkommen in Ihrem neuen Berufsleben. Dieses Buch ist für die ersten Lehrjahre in Metallberufen. Es begleitet die Ausbildung und die Berufsschule in der Industriemechanik und im handwerklichen Metallbau. Es eignet sich auch für das Berufsgrundschuljahr beziehungsweise die Berufsfachschule. Das Buch liefert Grundlagenwissen. Für ein tieferes und breiteres Wissen gibt es die anderen Fachbücher.

Das Buch erklärt diese Themen einfach und verständlich:

- Trennen
  - Spanen
  - Zerteilen
  - Thermisches Trennen
- Umformen

Teilweise gibt es darin Beispiele aus dem Alltag. Die Beispiele dienen als Vergleich.
Am Ende von den meisten Kapiteln gibt es Übungen. Mit den Übungen können Sie selbst überprüfen, was Sie gelernt und verstanden haben.
Exkurse erklären besondere Themen noch etwas ausführlicher. Oder Sie bekommen darin noch weitere Informationen zu etwas komplizierteren Dingen.
Außerdem gibt es die Werkstatthinweise. Darin finden Sie nützliche Tipps für den Arbeitsalltag. In den Werkstatthinweisen gibt es auch einige Hinweise für die Sicherheit bei der Arbeit und gegen Unfälle. Es gelten aber immer und grundsätzlich die Vorschriften der Berufsgenossenschaft. In Ihrem Ausbildungsbetrieb, in der Berufsschule und bei der Berufsgenossenschaft selber können Sie sich zu solchen Vorschriften informieren.

I Trennen

II Umformen

1 Grundlagen

Beim Trennen verändern Sie ein Werkstück, ohne es zu verformen. Beim Trennen im Metallbau arbeitet man am häufigsten mit diesen drei Verfahren: **Spanen**, **Zerteilen** und **thermisches Trennen**.
Das Teil, das Sie bearbeiten, heißt: **Werkstück**. Das Material, aus dem das Werkstück besteht, heißt: **Werkstoff**.
Wenn beim Trennen Späne entstehen, nennen wir dies: **Spanen**. Zum Spanen zählen alle Arbeitsweisen, bei denen Sie Werkstoffteilchen vom Werkstück abtragen (Beispiele: Bohren, Sägen, Schleifen).
Wenn beim Trennen mit Schneiden keine Späne entstehen, nennen wir es: **Zerteilen**. Beim Zerteilen trennen eine oder zwei Schneiden den Werkstoff (Beispiel: Schneiden mit einem Messer oder mit einer Schere).

Merke

Ein paar Trenntechniken gehören zu beiden Verfahren: zum Spanen und zum Zerteilen. Außerdem gibt es Techniken, die Sie sowohl mit Handwerkzeugen als auch mit Maschinen verrichten können.

Wenn das Trennen mit einer Gasflamme, einem Laser oder einem Lichtbogen erfolgt, nennen wir dies: **Thermisches Trennen**.

Hier betrachten wir zuerst das mechanische Trennen, also das Zerteilen und das Spanen. Dabei wirkt eine Schneide mit Kraft auf das Werkstück ein. Diese Kraft zerstört den Zusammenhalt vom Werkstoff.

Merke

Zerteilen und Spanen gelingt nur unter bestimmten Voraussetzungen:

Die Schneide vom Werkzeug muss härter als das Material vom Werkstück sein.

Die Trennkraft muss stärker sein als die Kraft, die den Werkstoff zusammenhält.

1.1 Winkel und Flächen am Schneidkeil

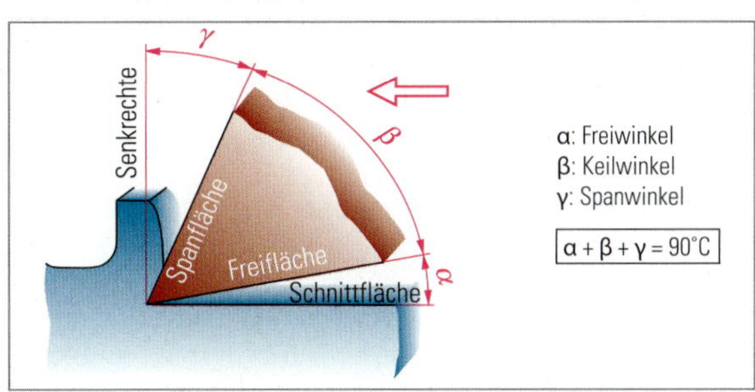

1: Winkel und Flächen an einem Schneidkeil

Es gibt verschiedene Werkzeuge, um Werkstücke trennend zu bearbeiten. Das sind zum Beispiel: Säge, Fräser, Bohrer, Meißel, Blechschere oder Feile. Alle diese Werkzeuge haben eine Schneide oder mehrere Schneiden.

Diese Schneiden sind wie ein Keil geformt. Dieser Keil heißt: **Schneidkeil**. Am Schneidkeil gibt es drei wichtige Winkel, die das Trennen beeinflussen: Keilwinkel, Freiwinkel und Spanwinkel (Bild 1).
Die Winkel heißen wie griechische Buchstaben:

- α („Alpha") für den Freiwinkel
- β („Beta") für den Keilwinkel
- γ („Gamma") für den Spanwinkel

Die Fläche oberhalb vom Keilwinkel heißt: **Spanfläche**. Beim Trennen läuft der Span über die Spanfläche vom Werkstück weg. Die Fläche unterhalb vom Freiwinkel heißt: **Freifläche**.

1.1.1 Der Keilwinkel

Der Winkel vom Schneidkeil heißt: **Keilwinkel**. Es gibt verschieden große Keilwinkel. Die Härte vom Werkstoff bestimmt die Größe vom Keilwinkel. Für weiche Werkstoffe ist ein Werkzeug mit kleinem Keilwinkel gut, weil für weiche Werkstoffe weniger Kraft benötigt wird. Harte Werkstoffe brauchen ein Werkzeug mit großem Keilwinkel, damit die Schneide nicht abbricht.

Merke

Schneiden mit kleinem Keilwinkel trennen das Werkstück leichter.

Schneiden mit großem Keilwinkel sind sehr stabil.

Beispiele

- Sägeblatt für Aluminium: kleiner Keilwinkel (50–60°). Die Säge nimmt mit wenig Kraft viel Material ab. Sie arbeitet schneidend.
- Sägeblatt für Gusseisen: großer Keilwinkel (> 90°). Die Säge nimmt mit viel Kraft nur langsam wenig Material ab. Sie arbeitet schabend.

1.1.2 Der Freiwinkel

Der Freiwinkel liegt zwischen der Schnittfläche und der Freifläche am Schneidkeil.

Der Freiwinkel ermöglicht einen Abstand zwischen Freifläche und Werkstück. Dieser Abstand verringert die Reibung. Es entsteht weniger Reibungswärme.

Ist der Freiwinkel zu klein, dann wird die Schneide warm. Eine zu warme Schneide geht schnell kaputt und wird stumpf. Daher soll der Freiwinkel immer groß genug sein, damit die Schneide kühl bleibt.

Merke

Weiche Werkzeuge brauchen einen größeren Freiwinkel als harte Werkstoffe.

1.1.3 Der Spanwinkel

Der Spanwinkel liegt oberhalb vom Schneidkeil.

Es gibt verschieden große Spanwinkel. Stellen Sie sich dafür eine Linie vor, die senkrecht auf das Werkstück zeigt (Bild 1).

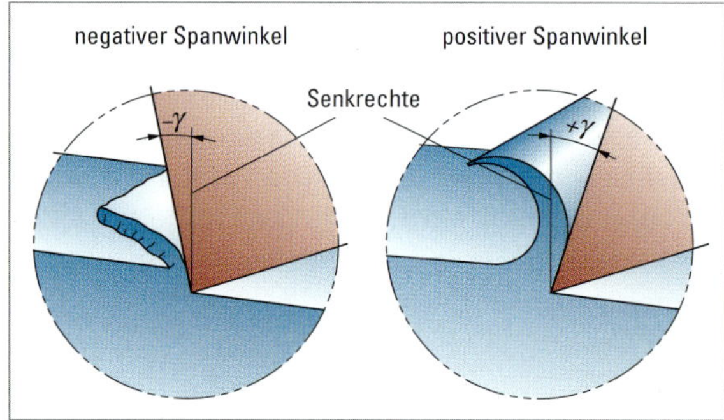

1: Negativer und positiver Spanwinkel

Exkurs: Winkel

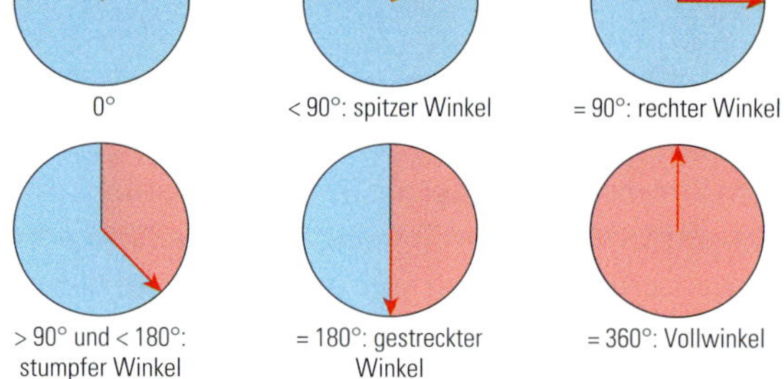

2: Winkelarten

Zum besseren Verständnis machen wir einen kurzen Ausflug in die Geometrie. Winkel misst man in **Grad**. Das Zeichen für Grad sieht so aus: °. Ein ganzer Kreis hat 360°. Sie können ihn sich wie eine Uhr mit nur einem Zeiger vorstellen. Außerdem ist bei 12 Uhr eine Linie zur Mitte hin (Bild 2).

Wenn der Zeiger auf dieser Linie steht, sind es 0°. Wenn der Zeiger bei 3 Uhr ist, sind es zwischen der Linie und dem Zeiger 90°. Das ist genau ein Viertelkreis. Der Winkel mit 90° heißt: **rechter Winkel** oder **rechtwinklig**. Wenn der Zeiger auf 6 Uhr steht, sind es zwischen der Linie und dem Zeiger 180°. Das heißt: **gestreckter Winkel**. Und wenn der Zeiger dann wieder auf 12 Uhr steht, hat er eine ganze Kreisbewegung gemacht. Das sind 360° und es heißt: **Vollwinkel**. Das sieht zwar genauso aus wie 0°. Aber beim Rechnen macht es einen Unterschied.

Ein Winkel mit weniger als 90° heißt: **spitzer Winkel**. Ein Winkel zwischen 90° und 180° heißt: **stumpfer Winkel**.

Wenn sich alle drei Winkel auf der einen Seite von der gedachten Linie befinden, hat die Schneide einen **positiven** Spanwinkel. Werkzeuge mit positivem Spanwinkel arbeiten schneidend. Schneiden mit positivem Spanwinkel können mit wenig Kraft viel Material abtragen.

Merke

Werkzeuge mit positivem Spanwinkel arbeiten schneidend.

Wenn der Schneidkeil über diese gedachte Linie hinausragt, hat die Schneide einen **negativen** Spanwinkel. Werkzeuge mit negativem Spanwinkel arbeiten schabend. Für die Arbeit mit negativem Spanwinkel brauchen Sie mehr Kraft und es wird weniger Material abgetragen.

Merke

Werkzeuge mit negativem Spanwinkel arbeiten schabend.

Die Werkzeugschneide sollte passend zum Werkstoff gewählt werden. Denn dann

- arbeitet sie leicht und zuverlässig,
- bleibt sie lange scharf (das heißt auch: **schneidhaltig**),
- müssen Sie sie seltener nachschleifen. (Die sogenannte **Standzeit** beschreibt, wie häufig Sie eine Werkzeugschneide nachschleifen müssen.)

Übungen

1. Machen Sie eine Skizze von einem Schneidkeil und benennen Sie alle Winkel und Flächen.
2. Wie hängt der Keilwinkel mit verschieden harten Materialien zusammen?
3. Wofür brauchen Schneiden einen Freiwinkel?
4. Was können Sie tun, damit die Schneide an einem Werkzeug lange scharf bleibt?

1.2 Anreißen

Bevor Sie mit dem Trennen anfangen, müssen Sie oft zuerst anreißen.
Das heißt: Sie übertragen die Maße von der Zeichnung auf das Werkstück. Das ist so beim Spanen und beim Zerteilen.
Zum Beispiel:

- Sie markieren den Mittelpunkt von einer Bohrung.
- Sie ziehen einen geraden Strich, wo Sie sägen müssen.
- Sie zeichnen einen Kreis oder einen Kreisbogen, wo Sie mit der Blechschere schneiden müssen.

Zum Anreißen brauchen Sie geeignete Werkzeuge. Zum Beispiel:

- Reißnadel
- Streichmaß
- Anreißzirkel
- Stahllineal
- Anreißplatte
- Körner und Hammer
- Anschlagwinkel
- Parallelhöhenreißer
- Winkelmesser oder Schmiege
- Zentrierwinkel
- Prisma
- Bleistift (für Aluminium)

1: Reißnadel

Mit der **Reißnadel** (Bild 1) übertragen Sie gerade Linien. Sie fahren mit der Reißnadel zum Beispiel an einem Streichmaß, einem Zentrierwinkel oder einem Anschlagwinkel entlang. Die Spitze von der Reißnadel ist gehärtet. Sie soll immer schön spitz sein.
Für das Anzeichnen von Aluminium benutzen Sie keine Reißnadel, sondern einen angespitzten Bleistift.
Manchmal ist ein Riss schlecht zu erkennen. Zum Beispiel wenn Zunder auf dem Stahl ist. Dann können Sie das Werkstück mit etwas Kreide weiß machen. Wenn Sie danach den Riss machen, ist er gut zu erkennen.
Mit einem **Zentrierwinkel** (Bild 1, S. 4) können Sie den Mittelpunkt von einem zylindrischen Werkstück bestimmen.
Mit einem **Anreißzirkel** (Bild 2, S. 4) können Sie Kreise, Kreisbögen oder Radien anzeichnen. Genau wie mit einem normalen Zirkel auf Papier. Die Spitzen vom Anreißzirkel sind gehärtet und sollen immer spitz sein.

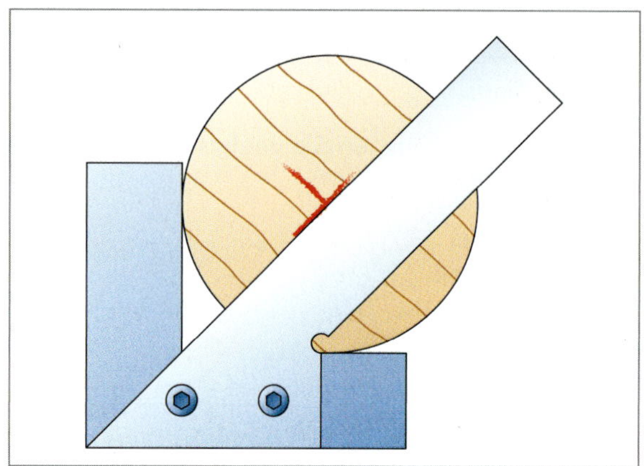

1: Zentrierwinkel mit zylindrischem Werkstück

2: Anreißzirkel

3: Parallelhöhenreißer

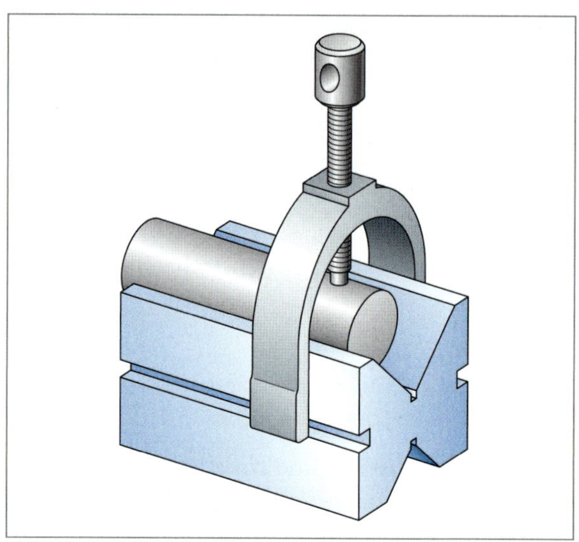

4: Anreißprisma mit zylindrischem Werkstück

5: Körner

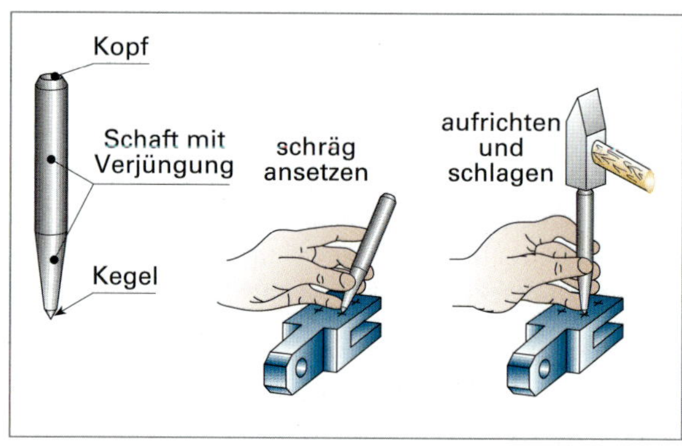

6: Anreißen und Körnen

Der **Parallelhöhenreißer** (Bild 3) steht auf einer ganz ebenen Unterlage. Zum Beispiel auf einer Anreißplatte. Damit können Sie genau parallele Linien auf dem Werkstück anzeichnen.

Zylindrische Werkstücke legen Sie zum Anreißen auf ein **Anreißprisma** (Bild 4). Mit einem Parallelhöhenreißer ziehen Sie dann einen geraden Strich.

Durch Anreißen können Sie auch den Mittelpunkt von einer Bohrung markieren. Dafür müssen Sie das Streichmaß von zwei Seiten an das Werkstück anlegen. Sozusagen über Eck. Der Schnittpunkt von den Strichen ist der Mittelpunkt von der Bohrung.

Diesen Punkt markieren Sie durch Körnen mit dem **Körner** (Bild 5 und 6). Der Körner sieht so ähnlich aus wie ein Meißel. Aber er hat eine runde, gehärtete Spitze.

Nach dem Körnen sehen Sie den Punkt besser und können den Bohrer leichter ansetzen.

Werkzeuge zum Anreißen sind teilweise sehr empfindlich. Sie müssen sorgsam damit umgehen, damit die Maße am Werkstück stimmen.

Werkstatthinweise

- Benutzen Sie Reißnadeln nie als Körner.
- Benutzen Sie den Messschieber (oft „Schieblehre" genannt) nicht zum Anreißen. Er eignet sich nicht dafür. Nie und auf keine Weise!
- Räumen Sie Anreißwerkzeuge vorm Schweißen oder Schleifen weg. Schweißperlen und Funken vom Schleifen können die Anreißwerkzeuge beschädigen.
- Benutzen Sie eine Anreißplatte nie als Unterlage zum Körnen.
- Benutzen Sie einen Anreißzirkel nie als Zange.

Übungen

1. Warum müssen Sie vor dem Bohren körnen?
2. Welche Werkzeuge zum Anreißen gibt es? Wie verwenden Sie diese richtig?
3. Wie können Sie zwei ganz genau parallele Linien auf einem zylindrischen Werkstück anreißen?

2 Spanen

Wie Sie schon gelernt haben, ist das Spanen ein Trennverfahren, bei dem **Späne** entstehen. Zu diesem Trennverfahren gehören zum Beispiel: Feilen, Sägen, Schleifen, Fräsen.
Es gibt zwei verschiedene Arten beim Spanen:
Es gibt das Spanen mit **geometrisch bestimmten Schneiden**. Das heißt so, weil die Längen und Winkel am Schneidkeil alle gleichmäßig und regelmäßig sind. Zum Spanen mit geometrisch bestimmten Schneiden gehören zum Beispiel: Sägen, Drehen, Bohren, Fräsen.
Und es gibt das Spanen mit **geometrisch unbestimmten Schneiden**. Das heißt so, weil die Anzahl, die Größe, die Form und die Lage von den Schneidkeilen unregelmäßig sind. Zum Spanen mit geometrisch unbestimmten Schneiden gehört zum Beispiel das Schleifen.

Sie können mit Handwerkzeugen und mit Maschinen spanend arbeiten. Einige Arbeitsweisen gehen nur mit Handwerkzeugen. Zum Beispiel: Feilen. Wenn Sie mit einem Handwerkzeug arbeiten, heißt das: **manuell**. Und einige Arbeitsweisen gehen nur mit Maschinen. Zum Beispiel: Fräsen und Drehen. Andere Arbeitsweisen gehen mit der Hand und mit Maschinen. Zum Beispiel: Sägen.
Die spanende Arbeit geschieht durch Bewegung von dem Werkzeug auf dem Werkstück.
Mit spanenden Arbeiten können Sie Werkstücke trennen oder Teile davon abtragen.
Natürlich lassen sich nicht nur Stahl und Edelstahl spanend bearbeiten, sondern auch Nicht-Metalle und NE-Metalle. NE-Metall ist die Abkürzung für: **N**icht-**E**isen-Metall. Dazu gehören zum Beispiel: Aluminium, Messing und Kupfer.

2.1 Spanbildung und Spanarten

Beim Spanen mit dem Schneidkeil erfolgt der Trennvorgang in drei Schritten (Bild 1):

1. Die Schneide verformt das Werkstück, wenn sie darauf trifft. Das heißt: **Stauchen**.
2. Die Schneide dringt tiefer in das Werkstück ein. Dabei reißt der Werkstoff in Richtung der Schneidbewegung. Das heißt: **Trennen**.
3. Der Span wird abgeschert und gleitet über die Spanfläche der Schneide nach oben weg. Das heißt: **Spanen**.

Sie haben schon gelernt, dass Sie das Schneidwerkzeug abhängig vom Werkstoff wählen müssen. Denn die verschieden geformten Schneidkeile eignen sich für bestimmte Werkstoffe gut und für andere Werkstoffe schlecht.
Beim Spanen entstehen deshalb ganz unterschiedliche Späne (Bild 1, S. 6).

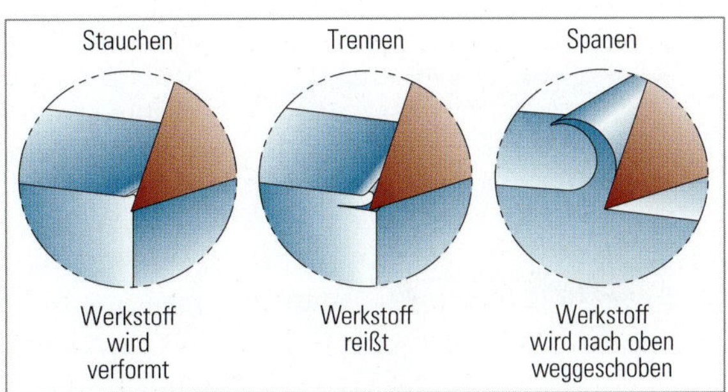

1: Spanbildung am Schneidkeil

Das ist abhängig vom Spanwinkel und von der Schnittgeschwindigkeit:

- **Reißspäne** entstehen beim Trennen mit kleinen Spanwinkeln und niedriger Schnittgeschwindigkeit. Eine raue Oberfläche entsteht. Solche Späne entstehen beim Schneiden von harten, spröden Werkstoffen.
- **Scherspäne** entstehen bei mittelgroßen Spanwinkeln und mittlerer Schnittgeschwindigkeit. Eine mittelmäßig glatte Oberfläche entsteht. Solche Späne entstehen beim Schneiden von mittelharten Werkstoffen.
- **Fließspäne** entstehen bei großen Spanwinkeln und hoher Schnittgeschwindigkeit. Eine glatte Oberfläche entsteht.

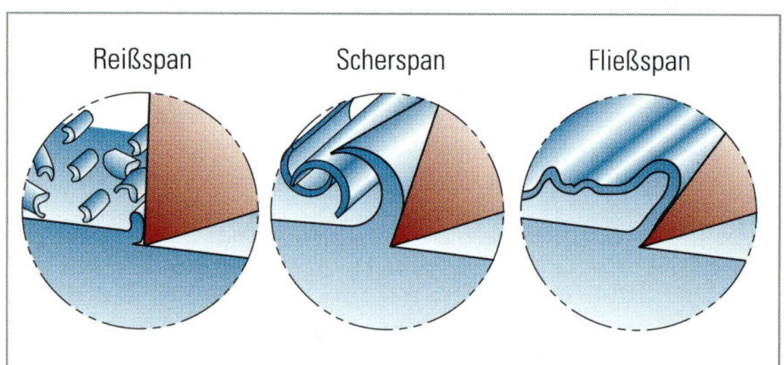

1: Spanarten

Übungen

1. Beschreiben Sie, wie ein Span entsteht.
2. Benennen Sie die drei Spanarten. Wo kommen diese bei Ihrer Arbeit vor?

2.2 Spanende Arbeiten mit Handwerkzeugen

2.2.1 Meißeln

Mit einem Meißel können Sie **spanend** und **zerteilend** (Bild 1, S. 7) arbeiten. Das heißt: Mit einem Meißel können Sie Späne abtragen oder Werkstücke spanlos trennen.

Ein Meißel besteht aus **Schneide**, **Schaft** und **Kopf** (Bild 2, S. 7). Die Schneide ist gehärtet. Sie muss härter sein als das Material vom Werkstück.

Mit einem Meißel können Sie verschiedene Arbeiten machen. Nicht jeder Meißel eignet sich für jede Arbeit.

Bild 2 zeigt eine Übersicht mit verschiedenen Meißeln. Die Übersicht zeigt auch Beispiele, für welche Arbeiten die Meißel geeignet sind.

Meißelart	Beschreibung	Meißelarbeit
	Der Flachmeißel hat eine gerade und breite Schneide. Er eignet sich zum Abscheren und zur Flächenbearbeitung. Der Flachmeißel wird deshalb auch zum Entgraten und Verputzen von Gussstücken und Schweißnähten verwendet.	
	Beim Kreuzmeißel bilden Schneide und Schaft ein Kreuz. Diese Anordnung eignet sich zum Aushauen von Nuten.	
	Der Nutenmeißel hat eine bogenförmige Schneide. Damit können Schmiernuten in Lagerschalen gefertigt werden.	
	Der Trennstemmer hat keine keilförmige Werkzeugschneide. Er dient zum Durchtrennen der Stege zwischen Bohrlöchern.	Bohrungen Risslinie

2: Verschiedene Meißel und ihre Anwendung

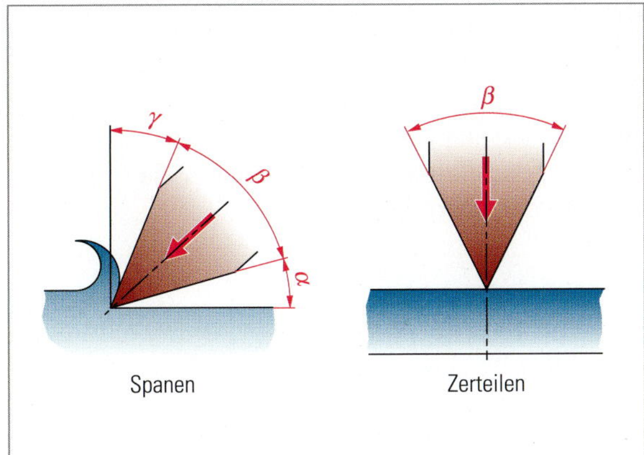

1: Spanen und Zerteilen mit dem Meißel

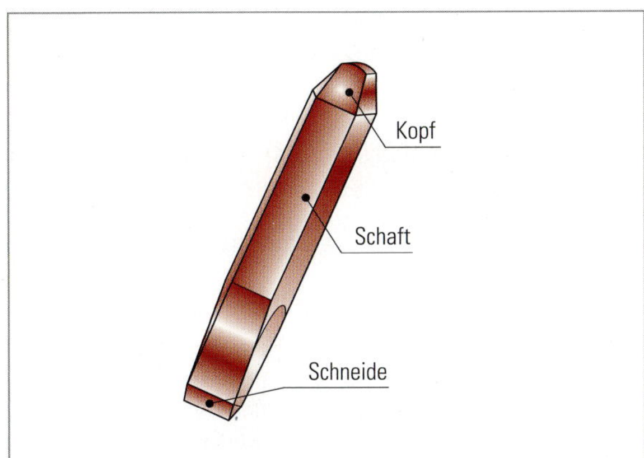

2: Keilförmige Werkzeugschneide am Meißel

Der Kopf vom Meißel ist relativ weich, damit sich beim Meißeln keine Splitter von ihm ablösen. Der Schaft ist auch relativ weich. Der Kopf ist außerdem abgerundet. So ist das Risiko kleiner, dass am Kopf ein Grat entsteht. So ein Grat heißt: Bart. An einem Bart am Meißelkopf können Sie sich leicht verletzen. Oder es können Stücke davon abbrechen und durch die Gegend fliegen. Wenn ein Bart entstanden ist, müssen Sie ihn abschleifen.
Es gibt Meißel mit verschiedenen Keilwinkeln. Beim Meißel ist es wie bei allen Schneiden: Der Keilwinkel ist abhängig vom Werkstoff. Für weiche Werkstoffe benutzen Sie einen kleineren Keilwinkel als für harte Werkstoffe.

Werkstatthinweise

- Am Meißelkopf darf kein Bart sein.
- Beim Meißeln können Späne fliegen. Tragen Sie darum eine Schutzbrille.
- Schauen Sie beim Meißeln auf die Schneide vom Meißel. Dann treffen Sie den Meißel mit dem Hammer besser.
- Tragen Sie zum Schutz der Hände Handschuhe.
- Verwenden Sie nur scharfe Meißel.
- Verwenden Sie zum Meißeln nie einen Hammer mit kaputtem Stiel. Das gilt natürlich für alle Arbeiten mit einem Hammer, nicht nur für das Meißeln.

Übungen

1. Wie müssen Sie den Meißel am Werkstück ansetzen, um:
   - spanend zu arbeiten?
   - zerteilend zu arbeiten?
2. Was müssen Sie beachten, damit Sie mit einem Meißel sicher und ohne Verletzungsgefahr arbeiten?

2.2.2 Sägen

Sägen arbeiten **spanend**.
Bei Sägen liegen immer mehrere Schneidkeile hintereinander. Das sind die Sägezähne. Jeder Sägezahn trägt Material ab. Die Lücken zwischen den Sägezähnen transportieren die Späne aus dem Sägespalt. Andere Worte für Sägespalt sind: Sägefuge und Schnittfuge.
Die Form und das Material vom Werkstück bestimmen die Art der Säge. Sägen unterscheiden sich durch diese Merkmale:

- Keilwinkel von den Sägezähnen
- Zahnteilung
- Konstruktionsweise für das Freischneiden

Dabei ist es egal, ob es sich um eine Handsäge oder eine elektrische Säge handelt. Es ist auch egal, ob die Zähne in einer geraden Linie (Bügelsäge, Bandsäge) oder im Kreis (Kreissäge) angeordnet sind.

Keilwinkel von den Sägezähnen
Der Keilwinkel von den Sägezähnen ist hauptsächlich abhängig vom Material und von der Sägetechnik.
Auch bei Sägen gilt: Weiche Werkstoffe können Sie mit kleinen Keilwinkeln trennen, für harte Werkstoffe brauchen Sie einen großen Keilwinkel. Je nach Art der Maschinensäge können die Schneidkeile auch sehr unterschiedlich aussehen.
Außerdem unterscheiden sich die Schneidkeile von Handsägen und Maschinensägen (Bild 1).
Eine Maschinensäge kann mit kleineren Keilwinkeln arbeiten als eine Handsäge. Die Maschinensäge trägt große Späne ab, aber sie braucht auch viel Kraft dafür. Mit der Hand können Sie nicht so große Kraft ausüben. Darum haben die Sägezähne von Handsägen größere Keilwinkel.

Zahnteilung
Die Zahnteilung beschreibt den Abstand von den Sägezähnen zueinander. Genauer gesagt: Sie beschreibt, wie viele Sägezähne auf einem bestimmten Abschnitt vom Sägeblatt sind. Dieser Abschnitt hat eine Länge von 1 Zoll. 1 Zoll sind 2,54 cm. Je mehr Zähne sich auf einem Zoll Länge befinden, desto feiner ist die Zahnteilung. Die richtige Zahnteilung ist wichtig. Mit der richtigen Zahnteilung sägen Sie effektiv und brauchen nicht so viel Kraft. Außerdem schonen Sie das Sägeblatt.
Sägeblätter mit zu grober Zahnteilung können verkanten und dadurch abbrechen. Sägeblätter mit zu feiner Zahnteilung arbeiten nicht effektiv und nutzen sich schneller ab.

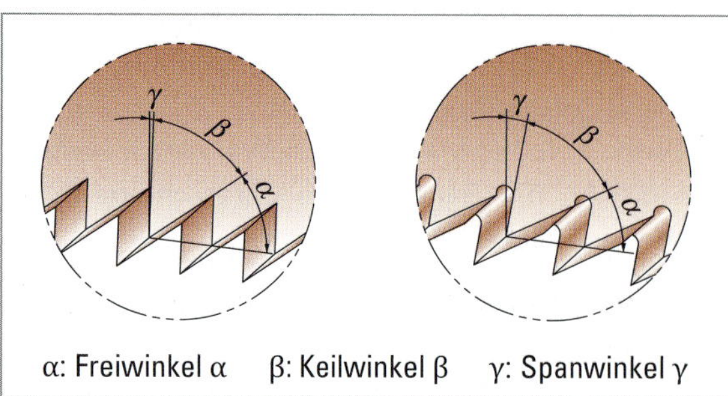

1: Werkzeugwinkel bei verschiednen Sägeblättern

Merke
Für harte Werkstoffe und für Rohre mit dünner Wand nehmen Sie ein Sägeblatt mit feiner Zahnteilung.
Für weiche Werkstoffe und für massive Querschnitte nehmen Sie eine Säge mit grober Zahnteilung.

Freischneiden
Das Sägeblatt soll nicht im Sägespalt festklemmen. Damit das nicht passiert, muss der Sägespalt breiter sein als das Sägeblatt. Das heißt: Freischneiden (Bild 1, S. 9). Für das Freischneiden werden die Sägezähne **geschränkt**, **gewellt** oder **gestaucht**.

Merke
Sägeblätter schneiden frei, wenn der Sägespalt breiter ist als das Sägeblatt.

Übungen

1. Wie sieht die optimale Säge aus, mit der Sie:
   - ein dünnwandiges Stahlrohr sägen?
   - ein massives Stück Aluminium sägen?
2. Was bedeutet Freischneiden? Beschreiben Sie, wodurch Freischneiden erreicht wird.

2.2.3 Feilen
Feilen arbeiten **spanend**.
Feilen gibt es mit verschiedenen Querschnitten (Bild 2, S. 9) und mit anderen verschiedenen Eigenschaften. Für jede Arbeit und für jedes Material gibt es die optimale Feilenart.
Mit Feilen können Sie zum Beispiel:

- Langlöcher herstellen
- Kanten entgraten
- Schweißnähte verputzen
- Nuten oder Durchbrüche herstellen
- ebene Flächen herstellen
- Formen oder Rundungen herstellen

Feilen bestehen aus dem gehärteten **Blatt** und der weichen **Angel**, die im **Heft** steckt. Auf dem Feilenblatt liegen die Zähne nebeneinander und hintereinander. Die Zähne sind nichts anderes als kleine Schneidkeile. Früher wurden alle Zähne gehauen. Deswegen heißt eine Reihe von diesen Schneidkeilen: **Hieb**.

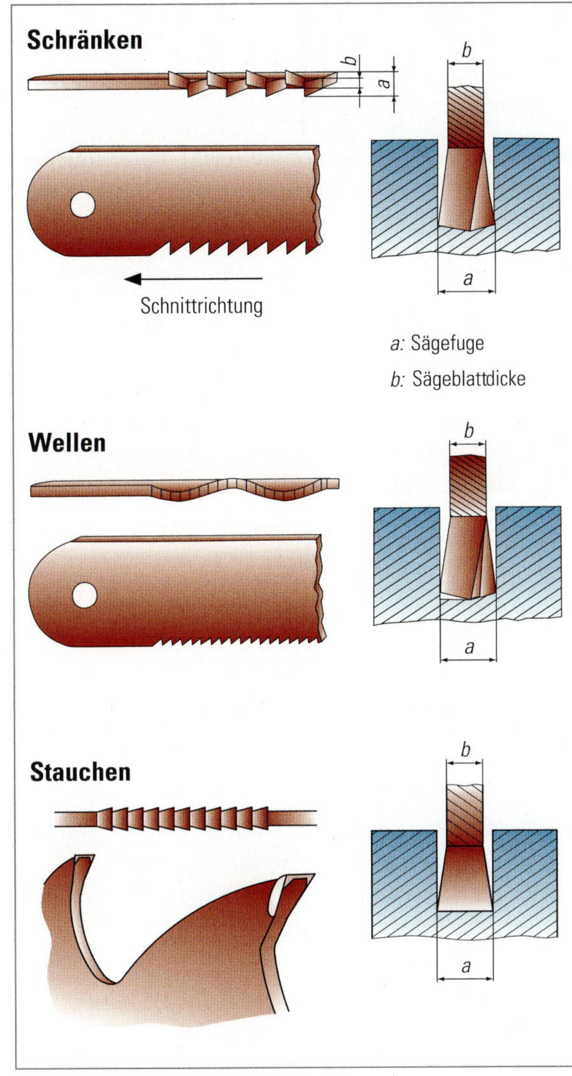

1: Freischneiden vom Sägeblatt

2: Feilen mit verschiedenen Querschnitten

Hieb Nr.	Hiebart (Feilen-name)	Hieb-zahl	Ober-flächen	Span-abnahme
0	grob	4–15	ge-schruppt	mehr als 0,5 mm
1	Bastard	4–15	ge-schruppt	0,5 mm
2	halb-schlicht	15–30	ge-schlich-tet	0,2–0,5 mm
3	schlicht	30–80	ge-schlich-tet	0,2–0,5 mm
4	doppel-schlicht	80–120	fein ge-schlich-tet	weniger als 0,2 mm

3: Einteilung von Feilen nach ihrer Hiebnummer

Auch bei Feilen unterscheiden wir zwischen groben und feinen Werkzeugen. Dabei helfen die Hiebteilung und die Hiebzahl (Bild 3).

Die **Hiebteilung** sagt aus, welchen Abstand die Hiebe zueinander haben. Die **Hiebzahl** sagt aus, wie viele Hiebe auf 1 cm liegen. Je größer die Hiebzahl ist, desto feiner ist die Feile.

Auf den Feilen sind die sogenannten **Hiebnummern** aufgestempelt. Die Nummern gehen von 0 bis 4. Daran erkennen Sie die Feilenart (Bild 3).

Die Feilen mit den Hiebnummern 0, 1 und 2 sind sehr grob. Damit nehmen Sie viel Material ab. Das heißt: **Schruppen**.

Die Feilen mit den Hiebnummern 3 und 4 sind sehr fein. Damit nehmen Sie wenig Material ab und die Oberfläche wird glatt. Das heißt: **Schlichten**.

Die Hiebe können unterschiedlich auf der Feile angeordnet sein (Bild 1, S. 10):

- schräg, das heißt: Einhieb. Oder halbrund, das heißt: Hieb mit Spanteiler. Bei schräg oder halbrund angeordneten Hieben entstehen schmale Späne. Feilen mit solchen Hieben eignen sich zum Bearbeiten von weichen Metallen.

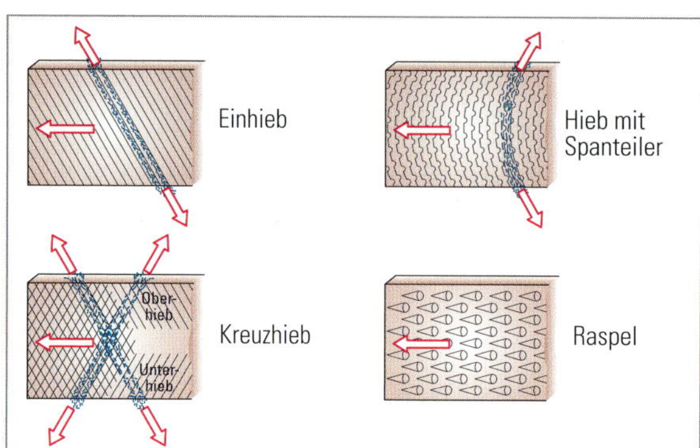

1: Unterschiedlich angeordnete Hiebe

- kreuzweise, das heißt: Kreuzhieb oder Doppelhieb. Es entstehen kleine Späne. Feilen mit solchen Hieben eignen sich zum Bearbeiten von härteren Metallen.
- pockenartig, das heißt: Raspelhieb. Raspeln eignen sich zum Bearbeiten von Nicht-Metallen wie Kunststoff, Holz, Leder oder Kork.

Die Zähne von der Feile unterscheiden sich auch noch in ihrer Form. Es gibt:

- gefräste Zähne. Diese haben einen positiven Spanwinkel. Sie arbeiten darum schneidend.
- gehauene Zähne. Diese haben einen negativen Spanwinkel. Sie arbeiten darum spanend.

Werkstatthinweise

- Wählen Sie immer die am besten geeignete Feile. So arbeiten Sie leicht und effektiv und die Feile setzt sich nicht zu.
- Führen Sie die Feile zusätzlich mit der zweiten Hand, indem Sie das obere Ende vom Feilenblatt festhalten.
- Halten Sie Feilen immer frei von Fett und Öl.
- Spannen Sie das Werkstück möglichst kurz in den Schraubstock ein.
- Benutzen Sie beim Feilen Schutzbacken aus Holz oder Aluminium, um das Werkstück nicht zu beschädigen.
- Üben Sie nur Druck auf die Feile aus, wenn Sie sie vorwärts schieben. Ziehen Sie sie locker zurück. So werden die Zähne nicht so schnell stumpf.
- Sie können das Feilenblatt leicht mit Kreide einreiben. So setzen sich die Freiräume zwischen den Hieben nicht so schnell mit Spänen zu.
- Reinigen Sie die Feile mit einer Feilenbürste.
- Benutzen Sie Feilen nicht zum Meißeln.

Übungen

1. Bei der Arbeit mit einer Feile sammeln sich Späne in den Zahnlücken.
   - Was ist der Nachteil daran?
   - Wie können Sie das verhindern?
2. Benennen Sie Feilenarten nach ihrem Querschnitt. Für welche Arbeiten sind sie jeweils geeignet?
3. Welche Feile eignet sich für Gusseisen, welche für Baustahl und welche für Aluminium? Denken Sie an die Hiebteilung, die Anordnung von den Hieben auf dem Blatt und die Form vom Schneidkeil.

2.3 Spanende Arbeiten mit Handwerkzeugen und Maschinen

2.3.1 Bewegungen beim Spanen

Es gibt kein Spanen ohne Schnittbewegung. Spanen mit Maschinen entsteht durch mechanische Bewegung. Bei der Arbeit mit Handwerkzeugen erzeugen Sie die Bewegung selbst. Bei der Arbeit mit Maschinen bewegt sich entweder das Werkstück oder das Werkzeug automatisch. Häufig ist es eine kreisförmige Bewegung.

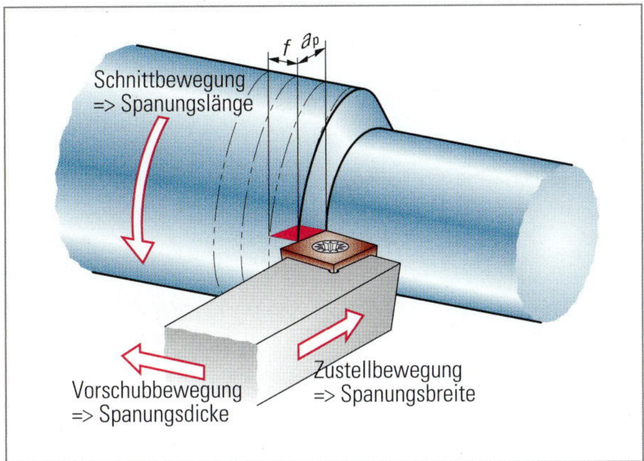

1: Schnittbewegung, Vorschubbewegung und Zustellbewegung

Beim Spanen gibt es drei wichtige Bewegungen: Durch die **Schnittbewegung** entsteht die Spanabnahme. Gleichzeitig gibt es auch die **Vorschubbewegung**. Ohne die Vorschubbewegung würde sich das Werkzeug immer nur an einer Stelle befinden. Durch die Vorschubbewegung bewegt sich das Werkzeug am Werkstück entlang oder ins Werkstück hinein. Die Vorschubbewegung geht beim Arbeiten von Hand mitunter sehr langsam voran. Bei der Arbeit mit Maschinen kommt manchmal noch die **Zustellbewegung** dazu (Bild 1).
Diese drei Bewegungen müssen in bestimmten Geschwindigkeiten geschehen. Die Geschwindigkeiten heißen: Schnittgeschwindigkeit, Vorschubgeschwindigkeit und Zustellgeschwindigkeit.

Die Geschwindigkeiten sind zum Beispiel abhängig davon,

- wie hart das Material vom Werkstück ist,
- welchen Durchmesser das Werkstück hat,
- welche Qualität die Oberfläche haben soll.

Im Tabellenbuch finden Sie Angaben dazu. Manchmal auch auf der Maschine selbst.

Beispiel

Sie bearbeiten einen Rundstahl an der Drehmaschine.

- Die Drehmaschine dreht das Werkstück an der Schneide vorbei. Dadurch wird der Span abgenommen. Das ist die **Schnittbewegung**.
- Die Maschine führt die Schneide den Rundstahl entlang. Das ist die **Vorschubbewegung**.
- Die Schneide fährt mehr oder weniger tief ins Werkstück. Dadurch bekommt das Werkstück einen bestimmten Durchmesser. Das ist die **Zustellbewegung**.

Bei zu hoher Vorschubgeschwindigkeit und Zustellgeschwindigkeit verschleißt die Schneide schneller oder kann sogar brechen. Ein gutes Beispiel hierfür ist die Kreissäge. Wenn das Sägeblatt zu schnell ins Werkstück fährt, können Sägezähne ausbrechen. Die Vorschubbewegung ist dann zu schnell.

Merke

Eine langsame Vorschubbewegung ist gut für:
- harte Werkstoffe
- eine längere Standzeit
- eine gute Oberfläche

Übungen

1. Beschreiben Sie die drei Bewegungen an spanenden Maschinen. Geben Sie ein Beispiel für jede Bewegung an einer Maschine, mit der Sie schon gearbeitet haben.
2. Überlegen Sie: Warum wird die Oberfläche mit einem langsamen Vorschub besser?

Kühlen und Schmieren

Bei mechanischer Arbeit entsteht Reibung und dadurch entsteht Reibungswärme. Bei der Arbeit von Hand gibt es weniger Reibung als mit Maschinen, deshalb entsteht auch weniger Wärme.
Bei der spanenden Arbeit mit Maschinen entsteht teilweise sehr viel Wärme. Vielleicht haben Sie schon mal beobachtet, dass sich das Werkstück oder die Späne blau verfärben. Das passiert durch die Wärme, die durch die Reibung entsteht.
Sie können das mit **Kühlschmierstoffen** verhindern. Damit kühlen Sie das Werkstück und das Werkzeug. Das ist wichtig, weil Wärme die Eigenschaften von Eisen und Stahl verändern kann.

Kühlschmierstoffe spülen auch lose Späne weg. Außerdem schmieren sie das Werkstück und das Werkzeug, damit

- die Oberfläche besser wird,
- weniger Reibung entsteht,
- das Werkzeug länger scharf bleibt,
- Sie mit höheren Geschwindigkeiten arbeiten können und
- das Werkzeug weniger verschleißt.

Kühlschmierstoffe sind häufig wässrige Lösungen. Sie werden aus einem Konzentrat und Wasser angemischt. Und es gibt Schmierstoffe aus Mineralöl.

Merke

Wässrige Kühlschmierstoffe kühlen gut.
Ölige Kühlschmierstoffe schmieren gut.

Werkstatthinweise

- Vermeiden Sie es, die Dämpfe von Schmierstoffen einzuatmen.
- Vermeiden Sie auch den Hautkontakt mit dem Konzentrat.
- Kühlschmierstoffe gehören nicht in den Müll oder ins Abwasser. Sie müssen sie fachgerecht entsorgen.

2.3.2 Bohren

Der häufigste Bohrer ist der **Spiralbohrer**. Er hat zwei **Hauptschneiden**. Damit arbeitet er sich drehend (= Schnittbewegung) in das Werkstück hinein (= Vorschubbewegung). Dabei entstehen Späne an beiden Schneiden. Die Späne laufen über die Spanfläche aus dem Bohrloch hinaus. Diese Spanfläche läuft wie eine Spirale um den Bohrer herum (Bild 1). Vorne an der Spitze vom Bohrer ist die Querschneide. Sie drückt beim Bohren auf den Werkstoff und hält den Bohrer stabil in der Bohrung. Es gibt verschiedene Spiralbohrer. Die Spirale kann unterschiedliche Steigungen haben. Stellen Sie sich dafür eine sehr steile und eine weniger steile Spindeltreppe vor. Die unterschiedlichen Steigungen sind für verschiedene Werkstoffe.

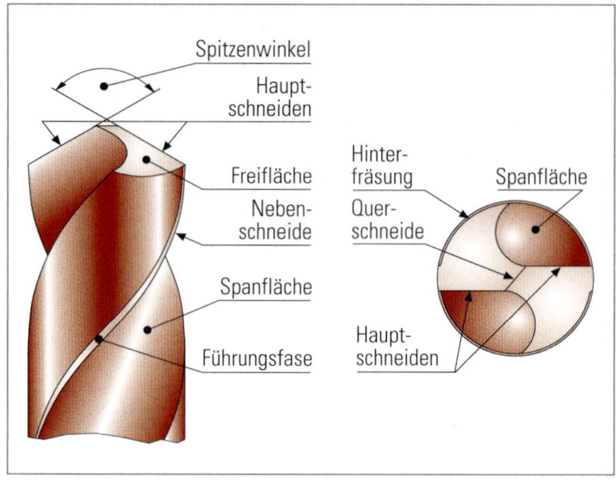

1: Schneiden, Flächen und Winkel am Spiralbohrer

Sie verwenden die gleichen Bohrer für die Arbeit mit Handmaschinen (mit Kabel oder Akkubetrieb) oder mit Standmaschinen. Es gibt Ständerbohrmaschinen oder Säulenbohrmaschinen (Bild 1, S. 13).

Werkstatthinweise

- Lassen Sie sich vor der Benutzung von Bohrmaschinen in die Funktion und in die richtige Bedienung einweisen.
- Binden Sie lange Haare zusammen und tragen Sie keine weite Kleidung, damit nichts davon in die Bohrspindel kommt.
- Spannen Sie das Werkstück vor dem Bohren fest.
- Beim Bohren können Späne fliegen. Tragen Sie darum eine Schutzbrille.
- Wenn Sie am Werkstück etwas messen oder die Maschine reinigen, schalten Sie vorher die Maschine aus.
- Wenn Sie die Maschine reparieren oder pflegen wollen, ziehen Sie vorher den Stecker raus.

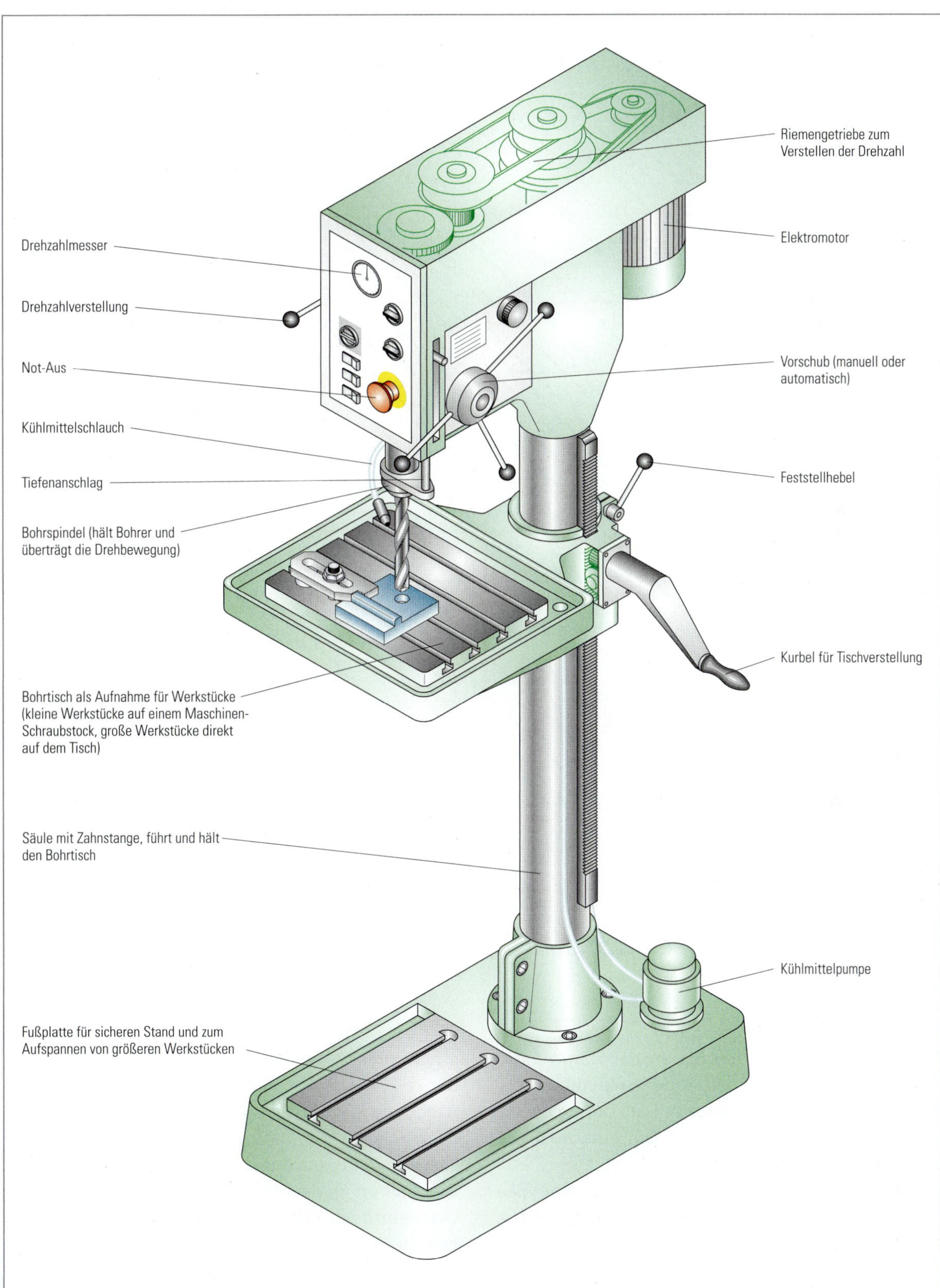

1: Säulenbohrmaschine

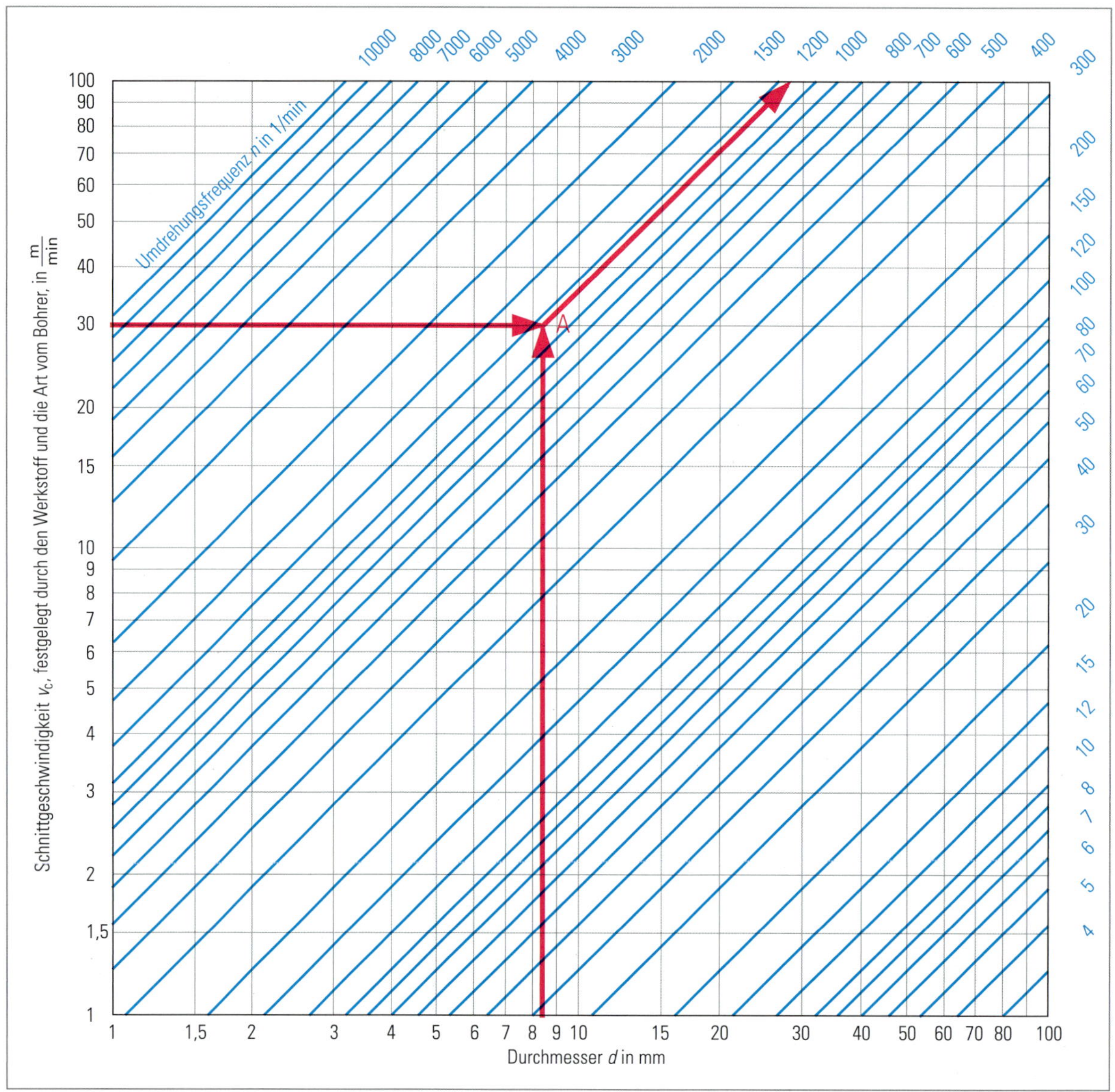

1: Umdrehungsfrequenz-Diagramm

Umdrehungsfrequenz

Vor dem Bohren müssen Sie an der Bohrmaschine die Umdrehungen pro Minute einstellen. Das ist die **Umdrehungsfrequenz** *n*. Sie können sie aus einem wie dem hier gezeigten Diagramm (Bild 1) ablesen.

Die linke Achse vom Diagramm zeigt eine Skala mit Werten für die **Schnittgeschwindigkeit** v_c. Diese ist hauptsächlich durch den Werkstoff festgelegt. Im Tabellenbuch finden Sie die Schnittgeschwindigkeiten für verschiedene Werkstoffe. Die untere Achse vom Diagramm zeigt eine Skala mit **Durchmessern** *d* vom Bohrer.

Auf der linken Skala suchen Sie die Schnittgeschwindigkeit, mit der Sie arbeiten müssen. Dann denken Sie sich von der Skala aus eine gerade Linie nach rechts. Auf der unteren Skala suchen Sie den Durchmesser von Ihrem Bohrer. Dann denken Sie sich von der Skala aus eine gerade Linie nach oben. Die beiden gedachten Linien schneiden sich im Diagramm auf oder neben einer diagonalen Linie. Folgen Sie dieser Linie nach rechts oben. Auf der blau gedruckten Skala sehen Sie, welche Umdrehungsfrequenz Sie an der Bohrmaschine einstellen müssen.

Beispiel

- Der Bohrer hat einen Durchmesser von 8,4 mm.
- Die Schnittgeschwindigkeit beträgt 30 m/min.
- Mit dem Schnittpunkt von den roten Linien ermitteln Sie die Umdrehungsfrequenz (hier etwa 1100).

Auf manchen Bohrmaschinen sind solche Diagramme angebracht. Manchmal aber auch Tabellen mit Werten von Bohrer-Durchmessern und Umdrehungsfrequenzen.

Geschwindigkeiten und Bewegungen an der Bohrmaschine

Die Bohrmaschine führt beim Bohren zwei Bewegungen aus: die Schnittbewegung und die Vorschubbewegung (Bild 1).

Für die Schnittgeschwindigkeit finden Sie häufig die Abkürzung: v_c. Sie ist abhängig von:

- dem Werkstoff
- der Art vom Bohrer
- dem Kühlschmierstoff

Merke

Dünne Bohrer arbeiten mit hohen Drehzahlen.

Dicke Bohrer arbeiten mit niedrigen Drehzahlen.

Die Vorschubgeschwindigkeit ist abhängig von:

- dem Werkstoff
- der Art vom Bohrer
- der Drehzahl vom Bohrer

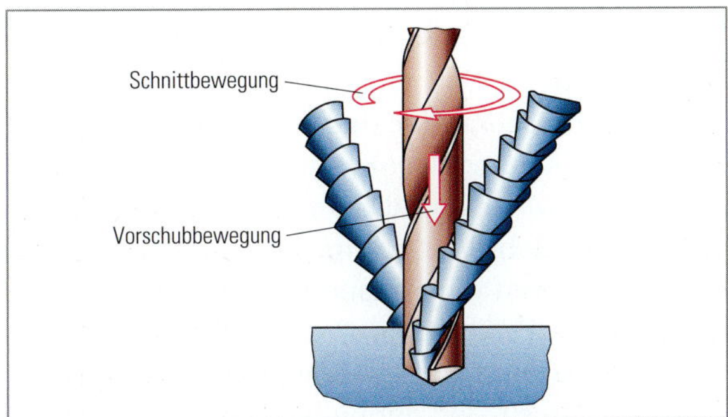

1: Schnittbewegung und Vorschubbewegung vom Spiralbohrer

Bohrer schleifen

Es ist normal, dass Bohrer verschleißen. Bei einem verschlissenen Bohrer müssen Sie die Hauptschneiden nachschleifen.

Nach dem Schleifen können Sie den Bohrer mit einer **Schleiflehre** (Bild 2) überprüfen. Damit sehen Sie, ob alle Winkel am Bohrer richtig sind und ob die Hauptschneiden gleich lang sind.

Manchmal bohrt der Bohrer schlecht, obwohl er frisch geschliffen ist und alle Geschwindigkeiten richtig sind. Dann ist der Schliff vielleicht nicht richtig.

Das Schleifen ist eine Kunst für sich und braucht viel Übung. Es können einige Fehler passieren. Zum Beispiel:

- Die Schneidkanten sind nicht gleich lang. Die Spitze vom Bohrer ist dann nicht mehr in der Mitte. Ergebnis: Das Loch wird zu groß.
- Der Spitzenwinkel ist zu groß oder zu klein. Ergebnis: Der Bohrer verschleißt schnell oder kann brechen.
- Der Spitzenwinkel ist nicht symmetrisch. Dann schneidet nur eine Hauptschneide. Ergebnis: Der Bohrer verschleißt schnell und die Bohrung wird ungenau.
- Der Freiwinkel ist zu groß oder zu klein. Ergebnis: Der Bohrer kann brechen.

Ein weiterer Schleifvorgang ist das sogenannte **Ausspitzen** von der Querschneide (Bild 1, S. 16). Dann braucht die Maschine weniger Kraft für den Vorschub. Das wird vor allem bei größeren Bohrern gemacht.

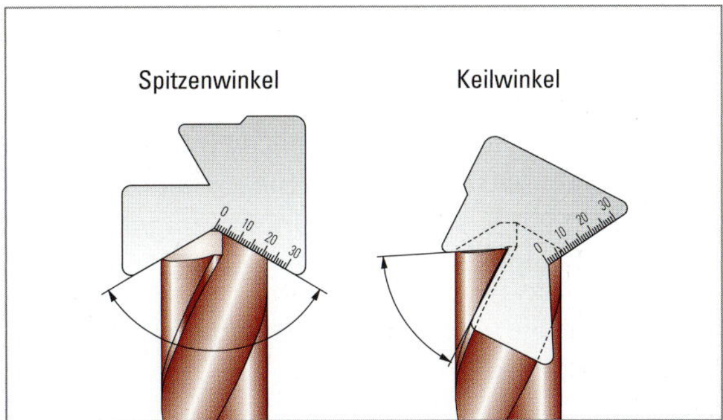

2: Schleiflehren

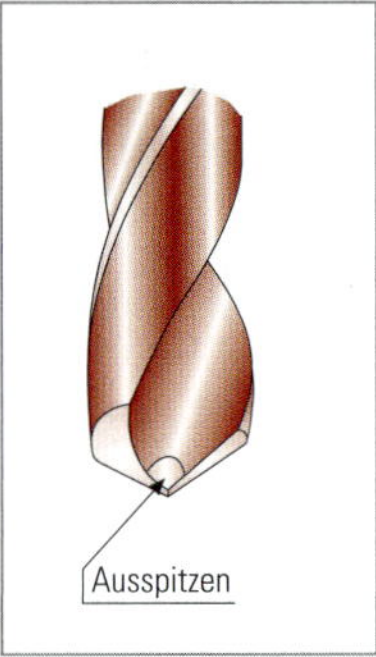

1: Ausspitzen von der Querschneide am Spiralbohrer

Werkstatthinweise

- Lassen Sie sich das richtige Schleifen von Bohrern zeigen, statt es einfach auszuprobieren.
- Tragen Sie eine Schutzbrille, wenn Sie die Bohrer am Schleifbock oder am Bandschleifer schleifen.
- Üben Sie zuerst mit dickeren Bohrern. Bei dickeren Bohrern erkennen Sie die Winkel und die Längen besser.
- Beim Schleifen entsteht Wärme. Reibungswärme kann die Eigenschaften von Eisen und Stahl verändern. Zum Beispiel: Stahl kann davon härter oder weicher werden. Bohrer sind gehärtet. Sie sollen beim Schleifen nicht zu warm werden. Kühlen Sie Bohrer darum zwischendurch in Wasser ab.

Übungen

1. Sie haben Bohrer von 5, 10 und 20 mm Durchmesser. Die Schnittgeschwindigkeit soll 20 m/min betragen. Sehen Sie in das Diagramm auf S. 14. Welche Umdrehungsfrequenzen müssen Sie für diese Bohrer einstellen?
2. Nennen Sie vier Maßnahmen gegen Unfälle beim Bohren.
3. Warum muss die Spitze vom Bohrer symmetrisch geschliffen sein?
4. Welche Fehler können beim Schleifen von Bohrern passieren? Was passiert bei welchem Fehler danach beim Bohren?

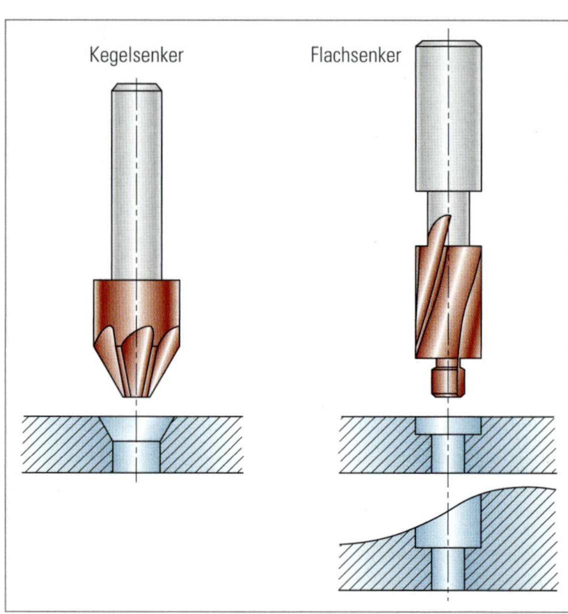

2: Kegelsenker und Flachsenker

2.3.3 Senken

Das Senken ist eine Arbeit, die zum Bohren gehört. Senker haben eine Schneide oder mehrere Schneiden. Sie arbeiten mit langsamen Schnittgeschwindigkeiten. Sie brauchen ungefähr die halbe Umdrehungsfrequenz vom Bohrer. Wenn der Senker zu schnell läuft, können beim Senken sogenannte Rattermarken entstehen. Der Rand sieht dann unregelmäßig und ausgefranst aus.

Merke

Senker arbeiten mit niedrigen Umdrehungsfrequenzen.

Mit dem Senker senken Sie Bohrlöcher. Es gibt verschiedene Senker (Bild 2). Der Senker muss zur Anwendung passen.

Kegelsenker

Für **Senkkopfschrauben** benutzen Sie einen Kegelsenker mit 90°. Kegelsenker gibt es mit verschiedenen Spitzenwinkeln und in verschiedenen Größen. Wenn eine Bohrung richtig gesenkt ist, liegt die Oberkante vom Schraubenkopf in einer Ebene mit dem Werkstück (Bild 1, S. 17). Das heißt: Der Schraubenkopf schließt bündig ab. Die Senkung ist richtig, wenn sie den doppelten Durchmesser vom Bohrloch hat.

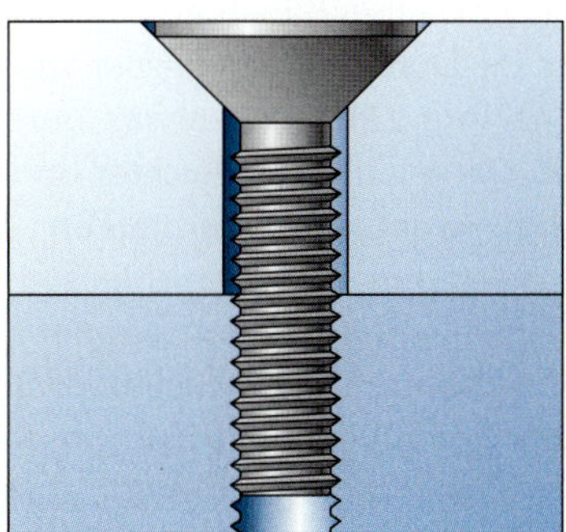

1: Kegelgesenkte Bohrung

2: Handsenker

Kegelsenker werden auch zum **Entgraten** genommen. Beim Bohren entsteht oft ein Grat am Werkstück. Der Grat ist schlecht, denn:

- Sie können sich daran verletzen.
- Das Werkstück hat dadurch vielleicht nicht das richtige Maß. Das heißt: Es ist nicht **maßhaltig**. Zum Beispiel können Flacheisen mit einem Grat an den Bohrungen nicht ganz plan aufeinander liegen.
- Schrauben oder Niete liegen nicht richtig auf.
- Der Grat kann im Bohrloch hängen. Dann bekommen Sie die Schrauben schlecht hinein.

Diesen Grat entfernen Sie mit einem Kegelsenker. Den Kegelsenker spannen Sie in eine Bohrmaschine ein. Sie können auch einen Handsenker (Bild 2) zum Entgraten benutzen.

Flachsenker

Für **Zylinderschrauben** nehmen Sie einen Flachsenker. Flachsenker gibt es mit verschiedenen Durchmessern. Der Schraubenkopf verschwindet ganz im gesenkten Loch. Er soll mit der Oberfläche vom Werkstück etwa bündig abschließen (Bild 3).

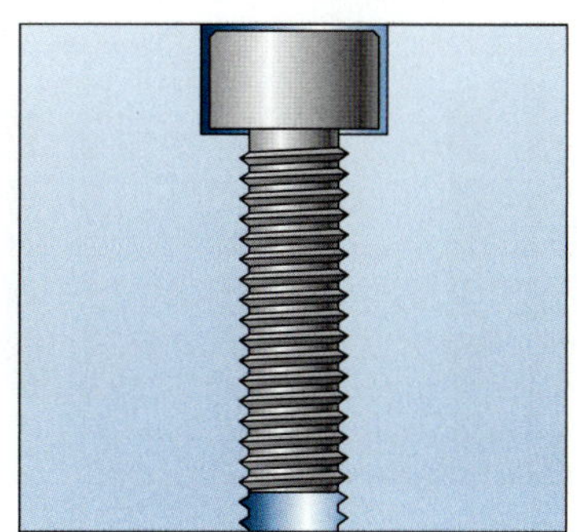

3: Flachgesenkte Bohrung

Werkstatthinweise

- Benutzen Sie Senker nicht zum Bohren.
- Setzen Sie den Senker senkrecht auf das Werkstück auf. Dann wird die Senkung rund.
- Senker suchen sich die Mitte vom Bohrloch selbst. Beim Senken müssen Sie das Werkstück also nicht so fest spannen wie beim Bohren. Bei einem festgespannten Werkstück kann die Senkung schief werden. Natürlich müssen Sie es aber sichern, damit es nicht umschlagen kann.

2.3.4 Reiben

Das Reiben ist eine Arbeit, die nach dem Bohren folgt. Das Werkzeug zum Reiben heißt **Reibahle**. Reibahlen haben mehrere Schneiden. Die Schneiden können parallel oder spiralig angeordnet sein. Mit einer Reibahle können Sie Bohrungen fein nacharbeiten. Die Reibahle macht die Oberfläche von der Bohrung glatt. Mit dem Reiben können Sie:

- Bohrungen genau zylindrisch reiben.
- Bohrungen auf ein genaues Maß bringen.
- In der Bohrung eine hohe Oberflächenqualität herstellen.

Merke

Je mehr Schneiden eine Reibahle hat, desto genauer und feiner arbeitet sie.

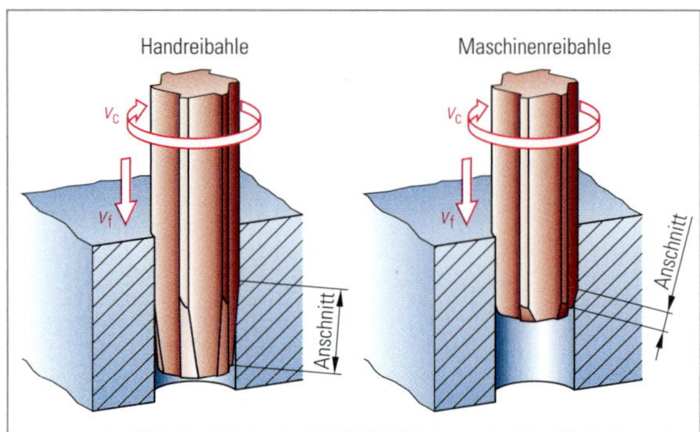

1: Handreibahle und Maschinenreibahle

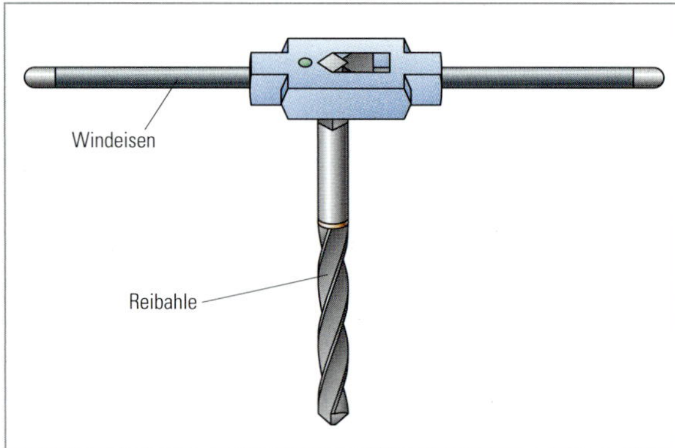

2: Windeisen mit Handreibahle

Reibahlen haben negative Spanwinkel. Sie nehmen also nur wenig Material ab. Es gibt Reibahlen für Maschinen und für die Arbeit mit der Hand (Bild 1). Diese Reibahlen unterscheiden sich voneinander.

Die **Handreibahle** hat einen längeren **Anschnitt** als die **Maschinenreibahle**. Der lange Anschnitt dient der besseren Führung im Bohrloch. Handreibahlen haben am Ende vom Schaft einen **Vierkant** für ein **Windeisen** (Bild 2). Das Windeisen kennen Sie vielleicht schon von Gewindebohrern (siehe S. 19). Maschinenreibahlen brauchen nur einen kurzen Anschnitt. Denn die Spindel von der Maschine führt die Reibahle genau.

Es gibt verschiedene Arten Reibahlen:

- feste Reibahlen für bestimmte Durchmesser
- verstellbare Reibahlen (Durchmesser um ein paar Millimeter verstellbar)
- geradeverzahnte Reibahlen
- wendelgenutete Reibahlen

Die meisten Reibahlen haben eine gerade Zahnanzahl. So ist ihr Durchmesser besser messbar. Außerdem sind ihre Zähne oft etwas unregelmäßig angeordnet. Dann laufen sie leichter und sauberer. So entstehen weniger Rattermarken. Reibahlen mit einer ungeraden Zahnanzahl lassen sich zwar schlechter messen. Dafür laufen sie aber besser und machen eine bessere Oberfläche in der Bohrung.
Die meisten Reibahlen sind zylindrisch. Es gibt aber auch kegelförmige Reibahlen. Damit reiben Sie zylindrische Bohrungen auf, zum Beispiel für Kegelstifte.

Werkstatthinweise

- Drehen Sie die Reibahle langsam und mit gleichmäßigem Druck im Uhrzeigersinn (Drehrichtung: eine Trinkflasche zuschrauben).
- Benutzen Sie Reibahlen nicht zum Bohren.
- Setzen Sie die Reibahle immer senkrecht zur Bohrung an.
- Drehen Sie Reibahlen nur vorwärts. Wenn Sie sie rückwärts drehen, können sich Späne einklemmen. Die Schneiden können dann kaputt gehen.
- Benutzen Sie reichlich Schneidöl.
- Nehmen Sie durch Reiben nur wenig Material weg. Die Schneiden verschleißen sonst schnell. Die Bohrung soll nicht zu klein sein. Zum Beispiel: Eine Bohrung soll nach dem Reiben 23 mm Durchmesser haben. Dann muss der Bohrer einen Durchmesser von 22,7 mm haben.

Übungen

1. Beschreiben Sie die Unterschiede zwischen Handreibahlen und Maschinenreibahlen.
2. Was ist der Vorteil von einer ungeraden Anzahl Zähne bei einer Reibahle?
3. Was ist der Vorteil von einer geraden Anzahl Zähne bei einer Reibahle?

2.3.5 Gewindeschneiden

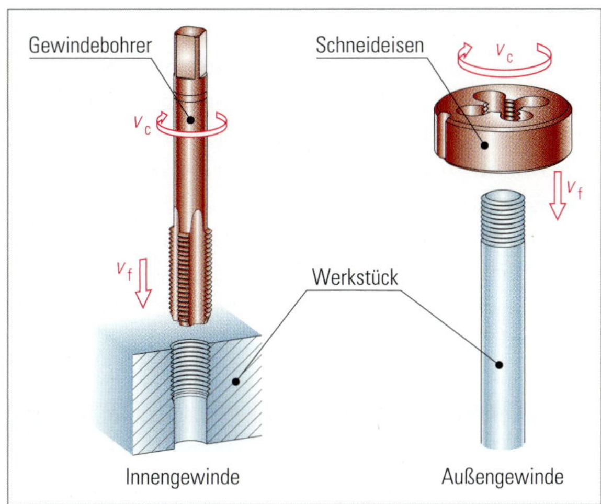

1: Schneiden von Innengewinde und Außengewinde

Beim **Gewindeschneiden** gibt es zwei verschiedene Arbeiten: das Schneiden von **Innengewinden** („Mutter") mit Gewindebohrern und das Scheiden von **Außengewinden** („Schraube") mit Schneideisen oder Schneidkluppen (Bild 1).

Innengewinde

Innengewinde stellen Sie mit Gewindebohrern her. Dafür brauchen Sie eine Bohrung, die zum Gewindebohrer passt. Der Durchmesser von der Bohrung muss kleiner sein als der Gewindebohrer.

Beispiele

- Für ein M5 Innengewinde brauchen Sie eine Bohrung mit 4,2 mm Durchmesser.
- Für ein M6 Innengewinde brauchen Sie eine Bohrung mit 5 mm Durchmesser.
- Für ein M8 Innengewinde brauchen Sie eine Bohrung mit 6,8 mm Durchmesser.
- Für ein M10 Innengewinde brauchen Sie eine Bohrung mit 8,5 mm Durchmesser.

Im Tabellenbuch können Sie nachsehen, welchen Bohrer Sie für ein Innengewinde nehmen müssen. Gewindebohrer gibt es für die Arbeit mit der Hand und mit der Maschine. Die Hand-Gewindebohrer haben einen langen Anschnitt. Sie haben am Schaft einen Vierkant für das Windeisen (wie die Reibahlen, siehe S. 18).

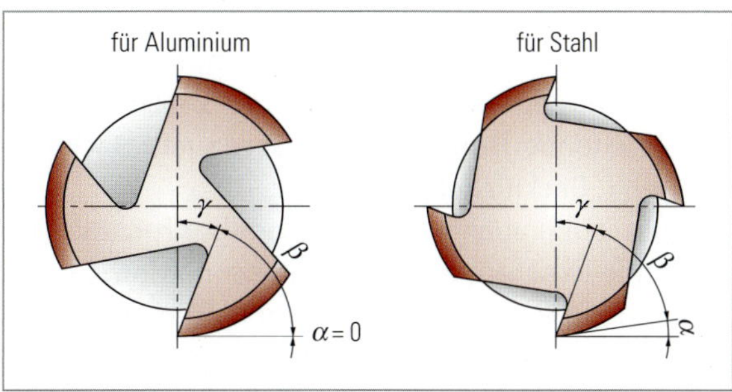

2: Querschnitt durch Gewindebohrer für Aluminium und für Stahl

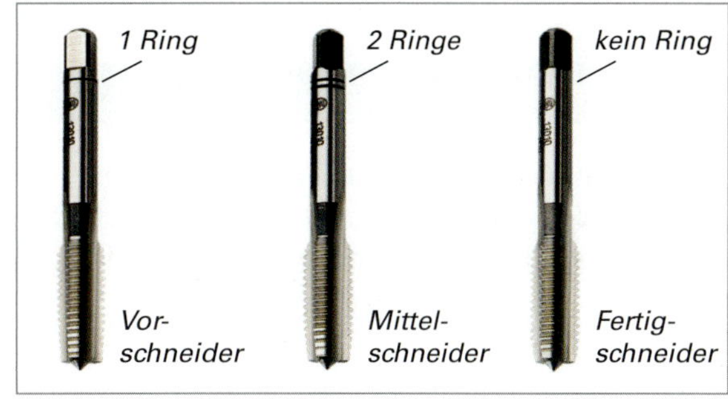

3: Gewindebohrersatz

Es gibt Gewindebohrer für Rechtsgewinde und für Linksgewinde. Unsere „normalen" Schrauben und Muttern haben ein Rechtsgewinde. Ein rechtes Innengewinde schneiden Sie im Uhrzeigersinn (Drehrichtung: eine Trinkflasche zuschrauben).

Merke

Rechtsgewinde schneidet man immer im Uhrzeigersinn.

Es gibt verschiedene Gewindebohrer für verschiedene Werkstoffe. Keilwinkel, Spanwinkel und Freiwinkel sind für weiches und hartes Material unterschiedlich groß. Gewindebohrer für Aluminium und für Stahl (Bild 2) sind gute Beispiele für die unterschiedlichen Winkel am Schneidkeil.

Für das Gewindeschneiden von Hand gibt es Gewindebohrsätze (Bild 3). Sie bestehen aus drei Gewindebohrern. Der **Vorschneider** macht die grobe Vorarbeit. Er ist mit einem Ring markiert. Dann folgt der **Mittelschneider**. Er ist mit zwei Ringen markiert. Zuletzt macht der **Fertigschneider** die Feinarbeit. Der Fertigschneider hat keinen Ring.

Mit so einem Gewindebohrsatz können Sie Innengewinde in durchgehenden Bohrungen und auch in nicht durchgehenden Bohrungen machen. Nicht durchgehende Bohrungen heißen auch: Sackbohrungen („Sacklöcher").
Es gibt aber auch Hand-Gewindebohrer, die das Gewinde in einem Arbeitsschritt schneiden. Solche Gewindebohrer haben einen sehr langen Anschnitt. Mit einem Handgewindebohrer können Sie keine Gewinde in Sackbohrungen machen.
Außerdem gibt es Maschinen-Gewindebohrer. Die können Sie an Bohrmaschinen oder Drehmaschinen benutzen.

Werkstatthinweise

- Setzen Sie den Gewindebohrer gerade im Bohrloch an. Sonst kann das Gewinde schief werden oder der Gewindebohrer abbrechen.
- Nehmen Sie beim Gewindebohren Schmierstoff.
- Gewindebohrer brechen leicht ab. Wenn sich der Gewindebohrer schwer drehen lässt, drehen Sie ihn ein Stück zurück. Manchmal verkanten sich Späne im Bohrloch. Die können Sie durch das Zurückdrehen brechen.
- Abgebrochene Gewindebohrer können Sie nicht mit einem normalen Bohrer ausbohren, weil sie so hart sind. Sie können sie nur mit speziellen Werkzeugen entfernen.

Außengewinde
Außengewinde werden mit **Schneideisen** (Bild 1) oder **Schneidkluppen** hergestellt. Schneideisen benutzen Sie für die kleineren Durchmesser. Mit Schneidkluppen schneiden Sie Gewinde mit großen Durchmessern. Zum Beispiel bei Gewinden auf Rohren.

1: Schneideisen mit Halter

Sie brauchen ein rundes Rohr, einen Bolzen oder ein Stück rundes Vollmaterial. Der Durchmesser davon soll etwas kleiner sein als der äußere Durchmesser vom Gewinde. Denn beim Schneiden verformt sich der Werkstoff auch. Die „Spitzen" vom Gewinde brauchen dadurch mehr Platz nach außen.
Das Ansetzen vom Schneideisen müssen Sie üben und Sie müssen geduldig sein.
Es gibt Schneideisen für Rechtsgewinde und für Linksgewinde. Ein rechtes Außengewinde schneiden Sie wie ein rechtes Innengewinde im Uhrzeigersinn.

Werkstatthinweise

- Setzen Sie das Schneideisen senkrecht auf dem Werkstück auf. Sonst wird das Gewinde schief oder das Schneideisen kann kaputt gehen.
- Nehmen Sie beim Gewindeschneiden Schmierstoff.
- Fasen Sie die Kante vom Werkstück vor dem Gewindeschneiden leicht mit 45 ° an. Dann können Sie das Schneideisen leichter ansetzen.

Übungen

1. Sie wollen ein M8 Innengewinde anfertigen. Beschreiben Sie Ihre Vorgehensweise.
2. Sie wollen ein M8 Außengewinde anfertigen. Beschreiben Sie Ihre Vorgehensweise.
3. Erklären Sie die Unterschiede zwischen den Gewindebohrern für Aluminium und für Stahl.
4. Überlegen Sie: Sie wollen ein Außengewinde auf einen Bolzen schneiden. Warum soll der Durchmesser vom Bolzen etwas kleiner sein als der Durchmesser vom Gewinde?

2.4 Spanende Arbeiten mit Maschinen

2.4.1 Drehen

Bisher haben Sie Arbeitsweisen kennengelernt, bei denen sich das Werkzeug dreht oder bewegt.

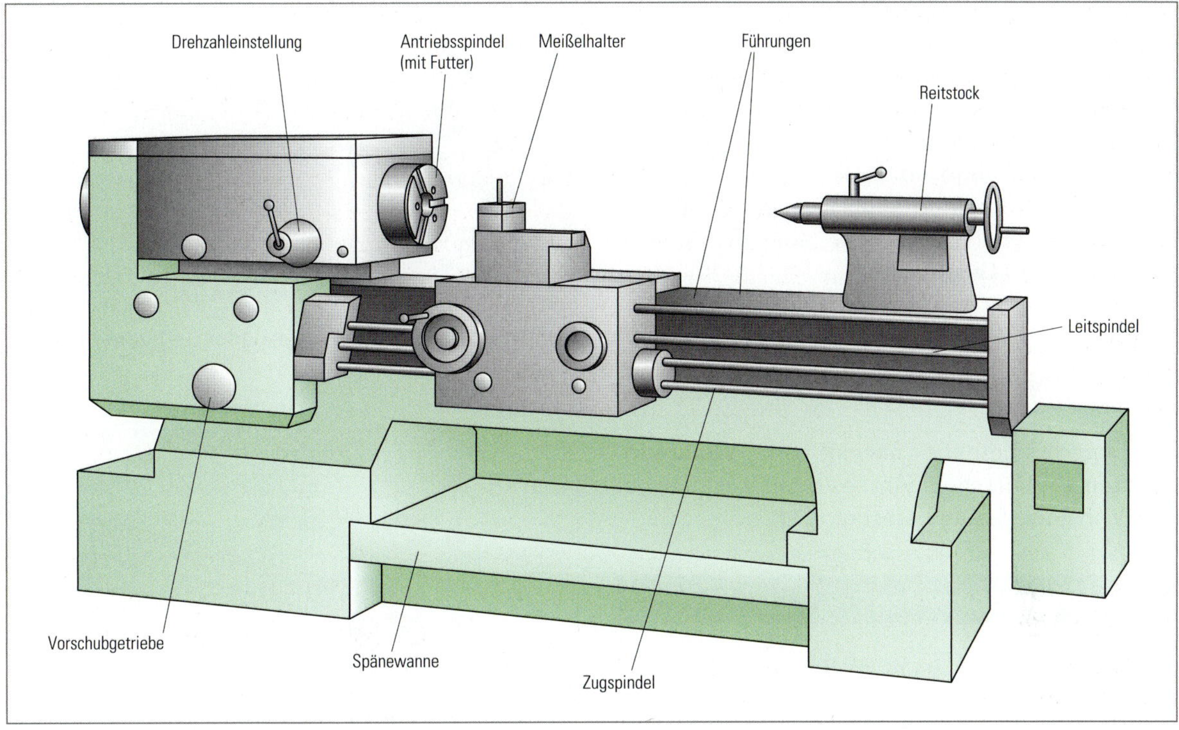

1: Drehmaschine

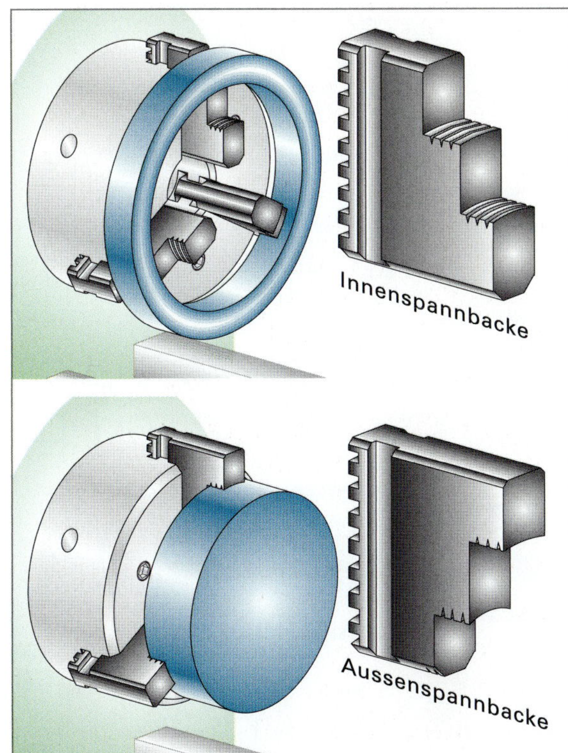

2: Dreibackenfutter zum Spannen von massiven und hohlen Werkstücken

Beim Drehen dreht sich meistens das Werkstück. Seltener dreht sich das Werkzeug. Meistens ist das Werkstück ein massives Rundmaterial. Zum Beispiel ein Stück Rundstahl.

Die Drehmaschine

Es gibt Drehmaschinen (Bild 1) in verschiedensten Größen und Ausführungen. Manche funktionieren rein mechanisch. Andere sind computergesteuert, das heißt: CNC-gesteuert. Trotzdem ist die Funktionsweise von allen Maschinen ähnlich.

Das Werkstück spannen Sie auf der einen Seite in das Futter von der **Drehmaschine** (Bild 2) ein. Das können Sie sich so ähnlich vorstellen wie ein Bohrfutter an der Bohrmaschine. Die Spannbacken vom Futter ziehen Sie mit einem Spannschlüssel fest.

Sie können massive Werkstücke einspannen. Die Spannbacken halten sie von außen. Und Sie können hohle Werkstücke einspannen. Dafür gibt es besondere Spannbacken. Sie halten hohle Werkstücke von innen fest.

Das Futter ist mit der **Arbeitsspindel** verbunden. Der Motor dreht die Arbeitsspindel und damit das Werkstück. Dadurch entsteht dann die kreisförmige Schnittbewegung.

Eine Drehmaschine arbeitet mit großen Kräften. Das Werkstück und das Werkzeug sollen dabei nicht kaputt gehen. Darum wird das Werkstück auf der anderen Seite vom **Reitstock** fixiert (Bild 1). Dann läuft es immer rund und bleibt gerade, wenn der Drehmeißel dagegen drückt.
An der Drehmaschine gibt es außerdem das **Vorschubgetriebe**. Es besteht aus zwei Teilen: **Zugspindel** und **Leitspindel**.

Merke

Die Zugspindel überträgt viel Kraft.
Die Leitspindel ist für die Genauigkeit wichtig.

Das Vorschubgetriebe bewegt den **Werkzeugschlitten** im Vorschub. Am Werkzeugschlitten ist das Schneidwerkzeug befestigt.

Werkstatthinweise

- Alle Drehmaschinen funktionieren etwas unterschiedlich. Lassen Sie sich deshalb die Maschine in Ihrem Betrieb unbedingt erklären, bevor Sie daran arbeiten. Halten Sie sich beim Arbeiten an diese Erklärungen.
- Schalten Sie nie die Maschine an, wenn der Spannschlüssel noch im Futter steckt.
- Fassen Sie nie mit den Händen an das Werkstück, wenn die Maschine läuft. Auch nicht, um Späne zu entfernen. Sie können die Späne mit einem Spänehaken entfernen, wenn die Maschine steht.
- Lange Haare oder lockere Kleidung dürfen nicht an das Werkstück oder an die beweglichen Maschinenteile kommen. **Keine** Arbeitshandschuhe tragen.
- Beim Drehen können Späne fliegen. Tragen Sie darum eine Schutzbrille.
- Wenn Sie am Werkstück etwas messen oder die Maschine reinigen, schalten Sie vorher die Maschine aus.
- Wenn Sie die Maschine reparieren, umrüsten oder pflegen wollen: Schalten Sie den Hauptschalter aus und sichern Sie ihn vor Wiedereinschalten.

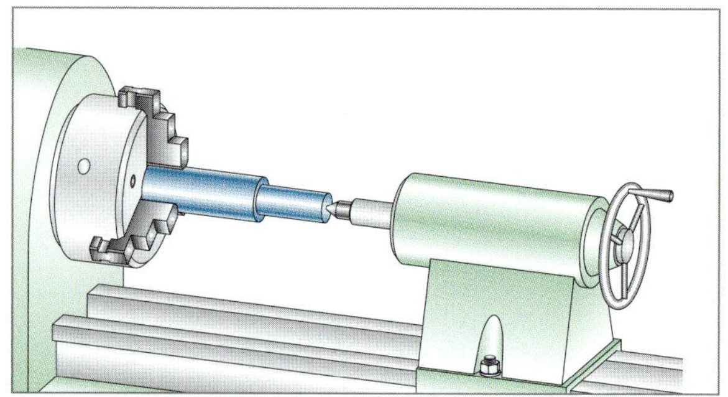

1: Werkstück im Futter eingespannt und vom Reitstock gestützt

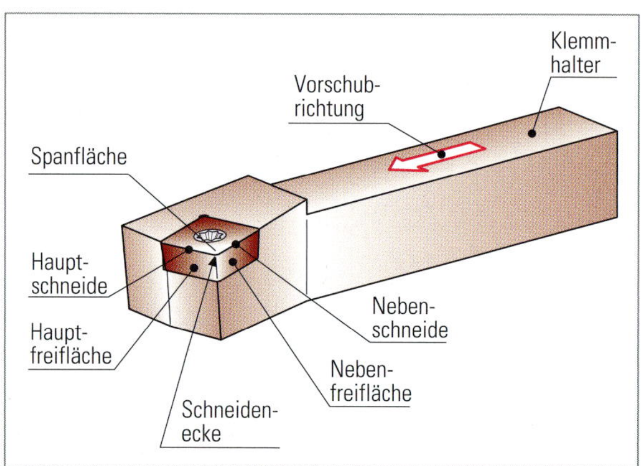

2: Drehmeißel

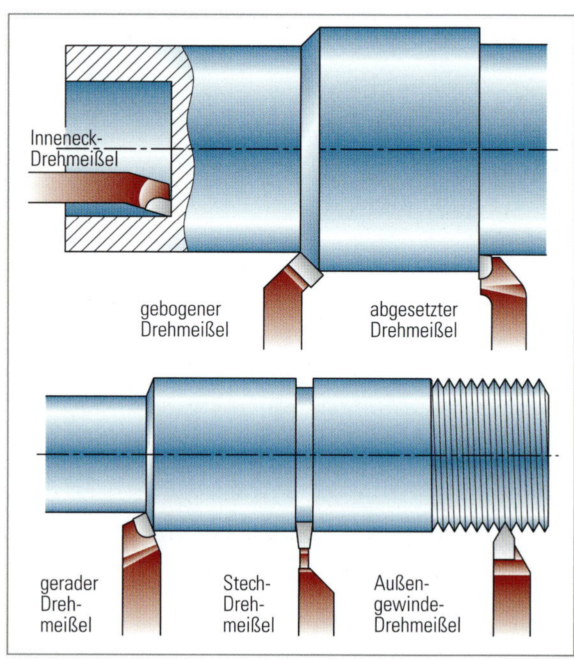

3: Unterschiedlich geformte Drehmeißel

Übungen

1. Beschreiben Sie die Teile an der Drehmaschine und ihre Aufgaben.
2. Was müssen Sie beachten, damit Sie mit einer Drehmaschine sicher und ohne Verletzungsgefahr arbeiten können?

Der Drehmeißel

Die Schneide an der Drehmaschine heißt: **Drehmeißel** (Bild 2, S. 22). Es gibt verschiedene Drehmeißel (Bild 3, S. 22).

Es gibt Drehmeißel in verschiedenen **Größen** und **Formen**. Drehmeißel können **gerade**, **gebogen** oder **abgesetzt** sein. Es gibt **rechte** und **linke** Drehmeißel: Mit solchen Drehmeißeln können Sie jeweils nur in eine Richtung arbeiten.

Der Drehmeißel muss zur Arbeit passen, die Sie an der Drehmaschine machen. Drehmeißel gibt es aus verschiedenen Materialien. Zum Beispiel aus Hartmetall, Schnellarbeitsstahl, Oxidkeramik oder Diamant. Drehmeißel unterscheiden sich deshalb auch in der **Härte**. Das Material vom Drehmeißel muss zum Material vom Werkstück passen.

Manche Drehmeißel sind aus einem einzigen Stück Werkzeugstahl gemacht. Schaft und Schneide sind also aus einem Stück.

Bei anderen Drehmeißeln ist die Schneide ein separates Teil. Die Schneide ist durch Schrauben oder Klemmen am Schaft (Bild 1) befestigt. Diese Art von Schneiden heißt: **Wendeschneidplatten** (Bild 2). Sie sind zum Beispiel dreieckig oder viereckig und haben mehrere Schneiden.

Wenn eine Schneide stumpf ist, nehmen Sie die nächste scharfe Schneide. Wenn alle Schneiden stumpf sind, wechseln Sie die Platte.

Der Drehmeißel muss immer fest und sicher eingespannt sein. Die Schneide soll auf der Höhe von der Werkstückmitte sein. Und der Drehmeißel soll so kurz wie möglich eingespannt sein. Sonst kann er sich verhaken oder in Schwingung kommen. Im schlimmsten Fall kann er sogar abbrechen.

Drehmeißel immer fest und möglichst kurz einspannen.

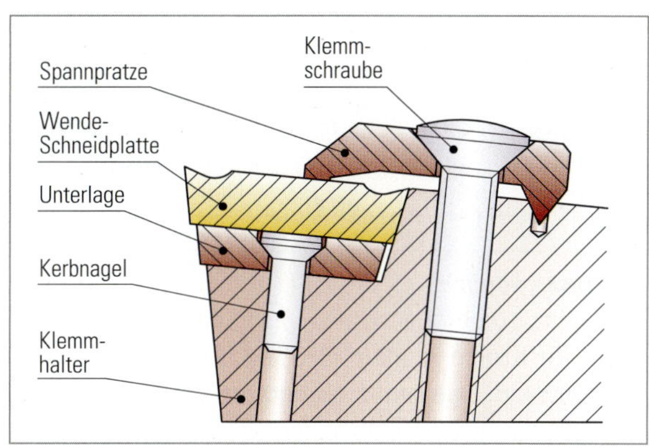

1: Drehmeißel mit Wendeschneidplatte

2: Verschiedene Wendeschneidplatten

Die Bewegungen an der Drehmaschine

Sie wissen: Die Geschwindigkeiten von den Bewegungen beim Spanen hängen von verschiedenen Dingen ab. Beim Drehen sind sie abhängig von:

- dem Material vom Werkstück
- dem Durchmesser vom Werkstück
- der Arbeit, die Sie machen
- dem benutzten Werkzeug
- der Kühlung und Schmierung

Bei der Drehmaschine müssen Sie für die Schnittbewegung die Umdrehungen pro Minute einstellen. Das wird oft so geschrieben: $\frac{1}{\text{min}}$. Das ist die **Umdrehungsfrequenz** n. Die kennen Sie schon vom Bohren. Sie ist abhängig von der **Schnittgeschwindigkeit** v_c und von dem Durchmesser d vom Werkstück.

Die Umdrehungsfrequenz können Sie mit dieser Formel ausrechnen:

$$n = \frac{v_c}{d \cdot \pi}$$

n: Umdrehungsfrequenz in $\frac{1}{\text{min}}$

v_c: Schnittgeschwindigkeit in $\frac{\text{m}}{\text{min}}$

d: Durchmesser in mm

π („Pi"): Kreiszahl, ungefähr 3,14. Sie finden eine Taste mit π auf dem Taschenrechner.

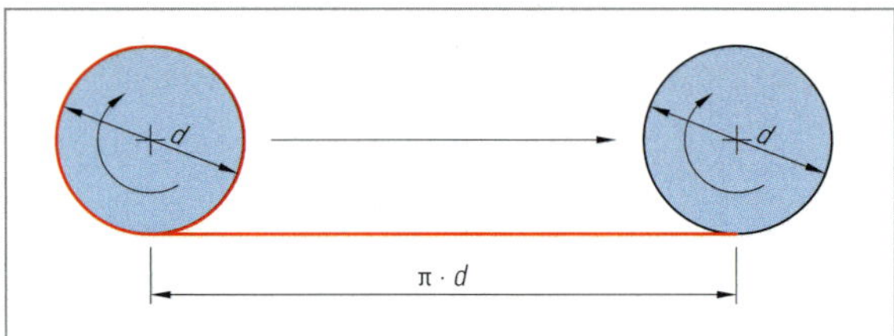

1: Strecke von π

π gilt für Kreise in allen Größen. Es ist ein feststehender Wert. Das heißt: Konstante. Stellen Sie sich ein Rad mit dem Durchmesser $d = 1$ vor (Bild 1). Es ist egal, wie groß diese 1 ist. Es kann zum Beispiel ein Millimeter sein, ein Fuß oder ein Meter. Sie rollen das Rad um eine Umdrehung. Das Rad hat dann genau eine Strecke von $\pi = 3{,}14$ zurückgelegt.

Beispiel

Sie wollen eine Umdrehungsfrequenz n ausrechnen. Ihr Werkstück hat 40 mm Durchmesser. Die Schnittgeschwindigkeit v_c soll $50 \frac{m}{min}$ betragen.

- Umrechnen: $50 \frac{m}{min} = 50.000 \frac{mm}{min}$.

  Denn 50 Meter sind gleich 50.000 Millimeter
- Unsere Formel: $n = \frac{v_c}{d \cdot \pi}$.
- Werte einsetzen: $n = \frac{50.000 \frac{mm}{min}}{40\,mm \cdot \pi}$.
- Ausrechnen: 50.000 geteilt durch 40 und durch π ergibt ungefähr 397,9. Sie stellen an der Maschine also 400 Umdrehungen pro Minute ein.

Bei der Drehmaschine gibt es noch andere Bewegungen als die Schnittbewegung. Die Maschine führt den Drehmeißel an das Werkstück heran. Sie arbeitet spanend, wenn der Drehmeißel in das Werkstück hineinfährt. Dazu macht die Maschine manuell oder automatisch eine **Zustellbewegung** und eine **Vorschubbewegung** (Bild 2).

Arbeiten mit der Drehmaschine

Mit der Drehmaschine sind verschiedene Arbeiten möglich (Bild 1, S. 25). Zum Beispiel:

- Sie können das Werkstück ablängen. Oder Sie erstellen eine ebene Fläche an der Stirnseite von einem zylindrischen Werkstück. Das heißt: **Querplandrehen** (Bild 2).

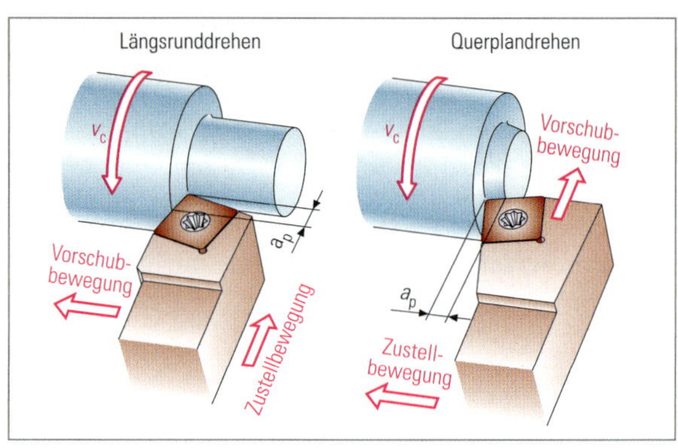

2: Zustellbewegung und Vorschubbewegung

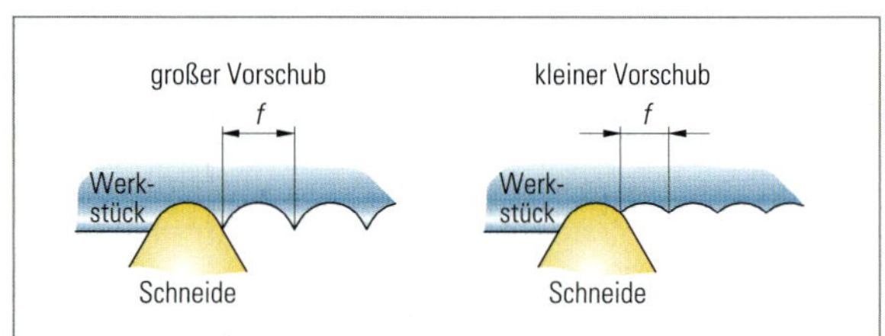

3: Unterschiedlicher Vorschub bewirkt unterschiedliche Oberflächenqualität.

- Sie können zylindrische Formen herstellen. Das heißt: **Längsrunddrehen** (Bild 2).

Merke

Ebene Flächen entstehen durch Querplandrehen.

Zylindrische Formen entstehen durch Längsrunddrehen.

Mit der Drehmaschine können Sie auch unterschiedlich schnell arbeiten (Bild 3):

- Beim **Schruppen** nehmen Sie schnell viel Material ab. Dabei entsteht eine raue Oberfläche. Die Maschine arbeitet mit schnellem Vorschub und mit großer Schnitttiefe.
- Beim **Schlichten** nehmen Sie nur wenig Material ab. Die Maschine arbeitet mit einer hohen Schnittgeschwindigkeit, aber nur mit wenig Vorschub und mit kleiner Schnitttiefe. Dabei entsteht eine glatte Oberfläche.

Merke

Beim Schruppen nimmt die Maschine schnell viel Material ab. Dabei entsteht eine raue Oberfläche.

Beim Schlichten nimmt die Maschine nur wenig Material ab. Dabei entsteht eine glatte Oberfläche.

Übungen

1. Warum müssen Sie den Drehmeißel immer fest und möglichst kurz einspannen?
2. Nennen Sie vier Dinge, von denen die Schnittgeschwindigkeit von der Drehmaschine abhängt.
3. Berechnen Sie die Umdrehungsfrequenz n für Werkstücke mit den Durchmessern 10 mm, 25 mm, 40 mm und 70 mm. Die Schnittgeschwindigkeit beträgt immer $20\,\frac{\text{m}}{\text{mm}}$.
4. Wie unterscheiden sich Längsrunddrehen und Querplandrehen? In welche Richtung gehen jeweils die Vorschubbewegung und die Zustellbewegung?
5. Überlegen Sie: Warum schlichtet man mit einer hohen Schnittgeschwindigkeit und mit einem kleinen Vorschub?

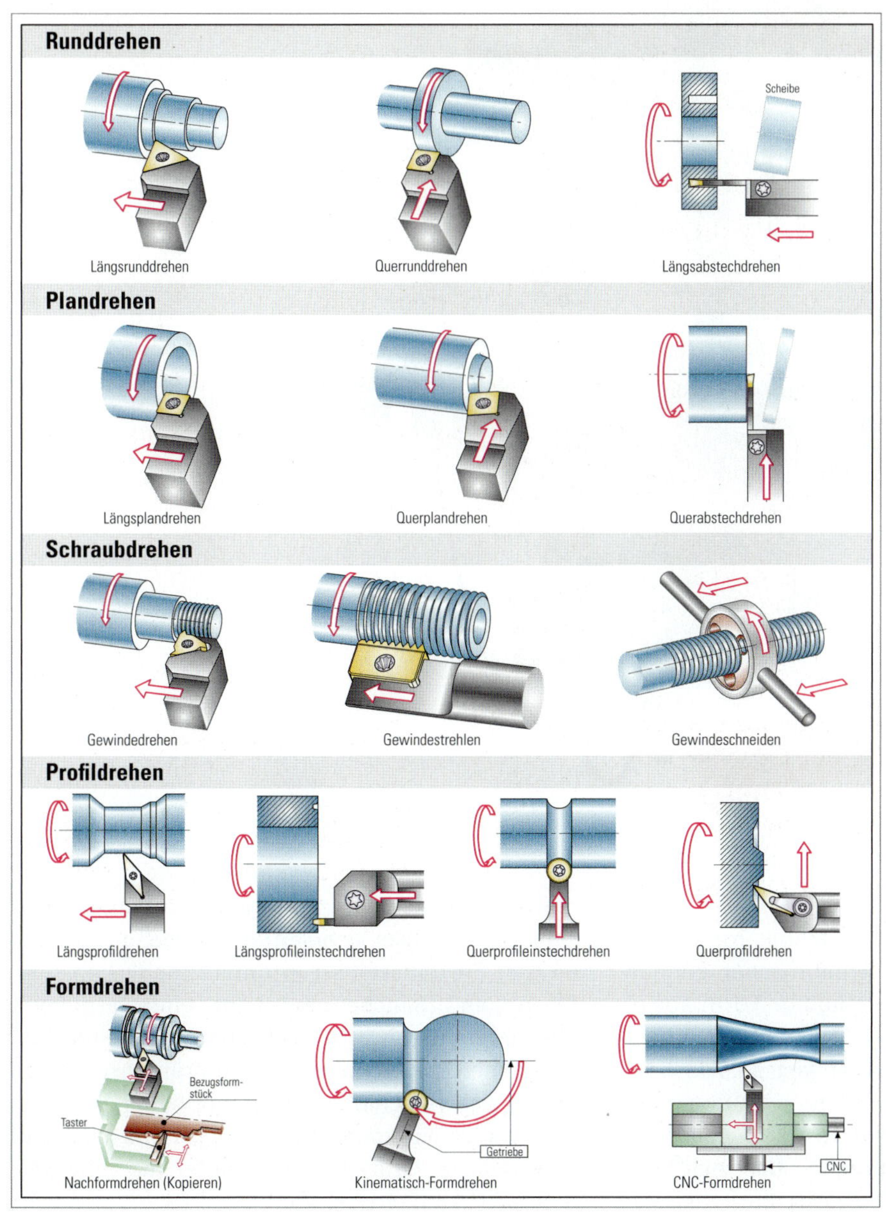

1: Drehverfahren

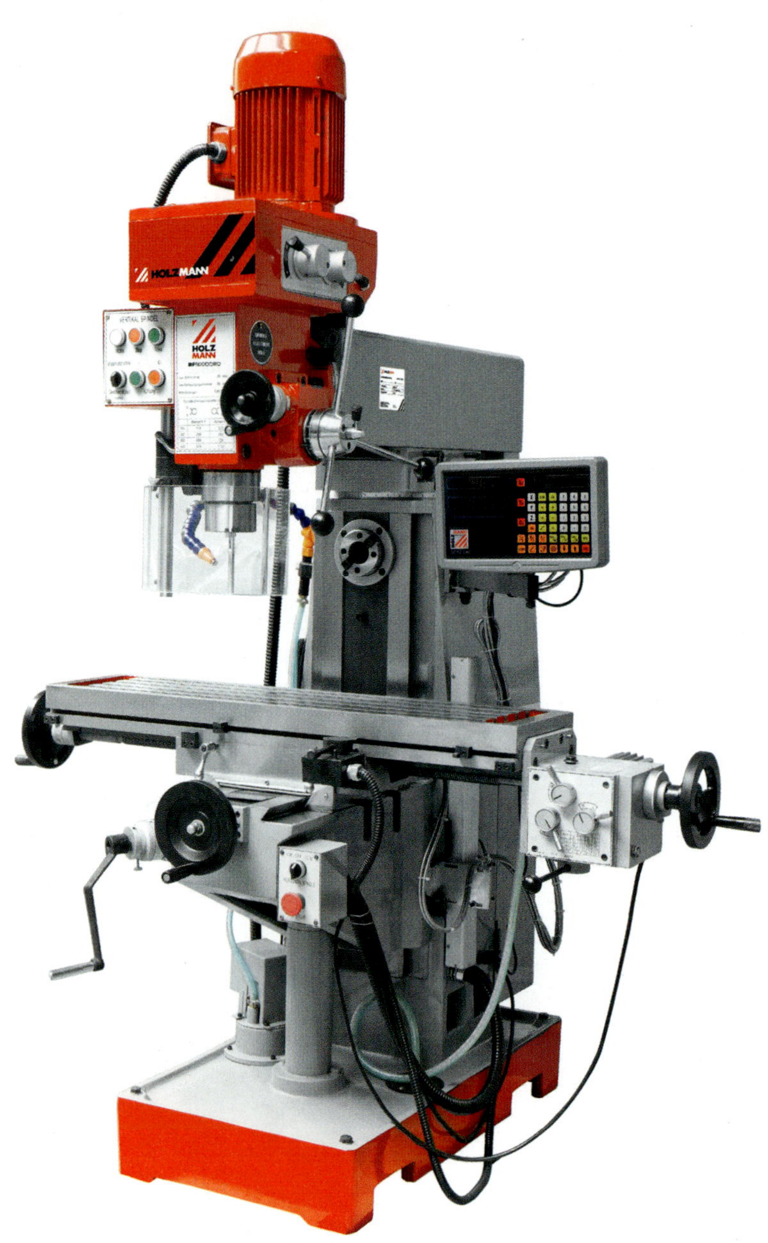

1: Fräsmaschine

2.4.2 Fräsen

Das Fräsen ist eine spanende Technik, mit der Sie sehr viele verschiedene Arbeiten machen können. Sie können damit fast jede beliebige Form aus einem Werkstück „herausholen". Nur keine geschlossenen hohlen Formen. Das ist fast so wie beim Schnitzen einer Figur.

Bei einer **Fräsmaschine** (Bild 1) macht das Werkzeug kreisförmige Bewegungen, das heißt: Es **rotiert**. Das Werkzeug heißt: Fräser. Ein Fräser hat mehrere Schneiden, die regelmäßig angeordnet sind. Es gibt Fräser in vielen verschiedenen Formen. Es gibt Fräsmaschinen in unterschiedlichen Ausführungen. Manche sind ganz einfach gebaut. Sie funktionieren rein mechanisch. Bei einfachen Maschinen gibt es eine einzige Fräsachse. Daran lassen sich verschiedene Fräser anbauen. Aber sie kann nur zweidimensional arbeiten. Das heißt: auf einer Fläche. Und sie kann immer nur einen Arbeitsschritt auf einmal machen.

Andere Fräsmaschinen sind sehr komplex. Sie haben mehrere Fräsachsen. Sie können mehrere Arbeitsschritte auf einmal machen und dreidimensionale Formen herstellen. Solche Maschinen sind CNC-gesteuert.

Die Fräsmaschine

Es gibt Fräsmaschinen in unzähligen Bauarten und Ausführungen. Die Funktionsweise ist aber immer ähnlich.

Eine Fräsmaschine macht ihre Bewegungen mit der **Arbeitsspindel** und dem **Vorschubgetriebe**.

Die Arbeitsspindel dreht das Werkzeug, also den Fräser.

Das Werkstück liegt auf dem Maschinentisch oder auf dem sogenannten Bett. Bei kleinen Maschinen ist es ein Maschinentisch, bei großen Maschinen das Bett. Natürlich muss das Werkstück darauf gut festgespannt sein.

Das Vorschubgetriebe bewegt den Fräser und das Werkstück gegeneinander. Es macht die Vorschubbewegung und die Zustellbewegung. Nur mit Vorschubbewegung und Zustellbewegung arbeitet die Maschine spanend.

Bei manchen Maschinen bewegt sich die Arbeitsspindel mit dem Fräskopf auf dem Werkstück. Bei anderen Maschinen bewegt sich der Maschinentisch. Die Vorschubbewegung geht nach vorne und hinten, nach rechts und links und nach oben und unten.

Es gibt unterschiedlich große Fräsmaschinen. Von der Größe der Fräsmaschine hängt ab, wie groß Werkstücke sein dürfen, die sie bearbeiten kann. Wichtig ist dabei:

- Wie weit kann sich die Maschine in die drei Richtungen bewegen?
- Wie groß ist der Maschinentisch?

Fräsmaschinen unterscheiden sich auch durch die Lage von der Arbeitsspindel:

- Die Arbeitsspindel von **Waagerechtfräsmaschinen** liegt parallel zum Maschinentisch.
- Die Arbeitsspindel von **Senkrechtfräsmaschinen** steht senkrecht zum Maschinentisch.
- **Universalfräsmaschinen** haben waagerechte und senkrechte Arbeitsspindeln.

Fräser

Fräser haben mehrere Schneiden. Die Anzahl und die Form von den Schneiden sind abhängig von der Härte vom Werkstoff (Bild 1). Das ist wie bei Zähnen am Sägeblatt.

Merke

Fräser für weiche Werkstoffe haben wenige Zähne mit großen Zahnlücken.

Fräser für harte Werkstoffe haben viele Zähne mit kleinen Zahnlücken.

Es gibt drei Typen Fräser (Bild 2):

- Typ **W** für **weiche** Werkstoffe (zum Beispiel Aluminium oder Kupfer)
- Typ **N** für **normal** feste Werkstoffe (zum Beispiel Baustahl, Gusseisen, mittelharte NE-Metalle)
- Typ **H** für **harte** und zähe Werkstoffe (zum Beispiel legierte Stähle)

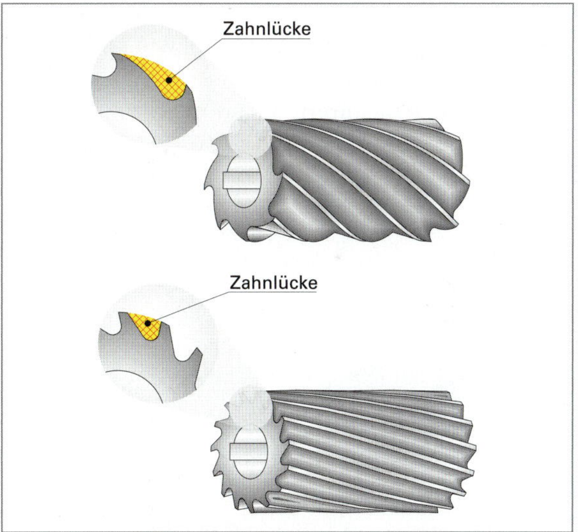

1: Fräser für weiche und harte Werkstoffe

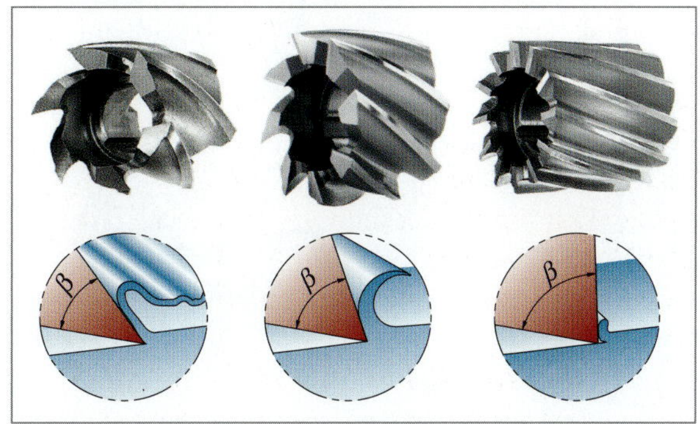

2: Beispiele für Fräser für unterschiedliche Werkstoffe

Die Schneiden sind meistens aus Werkzeugstahl (Schnellarbeitsstahl) oder aus Hartmetall.
Manche Fräser sind aus einem Stück gemacht. Bei anderen sind die Schneiden am Fräser befestigt. Sie sind angelötet oder angeschraubt. Oder sie sind geklemmt. Wie die Wendeschneidplatten bei der Drehmaschine.
Es gibt Fräser in den verschiedensten Formen (Bild 1). Jede Fräserform ist für spezielle Arbeiten geeignet. Manche Fräser stehen senkrecht auf dem Werkstück. Andere Fräser liegen parallel zum Werkstück.
Manche Fräser haben nur an einer Seite Schneiden. Andere haben die Schneiden an mehreren Seiten. Sie können an mehreren Flächen gleichzeitig schneiden. An Fräsern können die Schneiden unterschiedlich verlaufen (Bild 2). An manchen verlaufen sie gerade. Sie sind parallel zueinander. Und sie sind parallel zur Arbeitsspindel. Das heißt: **geradeverzahnt**.
An anderen Fräsern verlaufen sie spiralförmig. Sie drehen sich um die Arbeitsspindel wie ein Bohrer. Das heißt: **spiralverzahnt**.
Die Oberfläche bekommt mit spiralverzahnten Fräsern eine bessere Qualität.

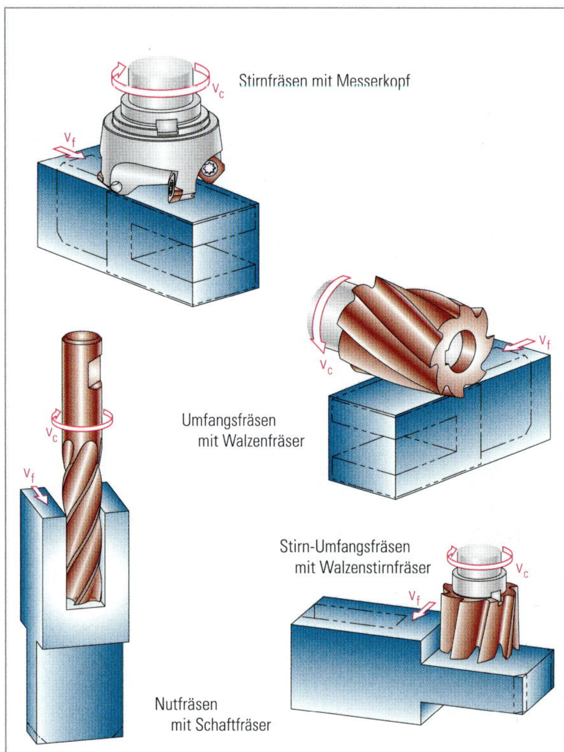

1: Arbeitsbewegungen bei verschiedenen Fräsern

Werkstatthinweise

- Alle Fräsmaschinen funktionieren etwas unterschiedlich. Lassen Sie sich die Maschine in Ihrem Betrieb unbedingt erklären, bevor Sie daran arbeiten. Halten Sie sich beim Arbeiten an diese Erklärungen.
  Grundsätzlich gelten **immer** die **aktuellen Vorschriften der Berufsgenossenschaft**!
- Benutzen Sie immer einen Fräserschutz und alle anderen Schutzvorrichtungen an der Maschine.
- Schalten Sie die Maschine erst an, wenn das Werkstück sicher festgespannt ist und der Fräser nichts berührt. Schalten Sie ihn nie im Werkstück ein.
- Fassen Sie nie mit den Händen an das Werkstück, wenn die Maschine läuft. Auch nicht, um Späne zu entfernen. Sie können die Späne entfernen, wenn die Maschine steht.
- Lange Haare oder lockere Kleidung dürfen nicht an das Werkstück oder an die beweglichen Maschinenteile kommen.
- Beim Fräsen können Späne fliegen. Tragen Sie darum eine Schutzbrille.
- Wenn Sie am Werkstück etwas messen oder die Maschine reinigen, schalten Sie vorher die Maschine aus.
- Wenn Sie den Fräser wechseln oder die Maschine reparieren oder pflegen wollen: Schalten Sie den Hauptschalter aus und sichern Sie ihn vor Wiedereinschalten.

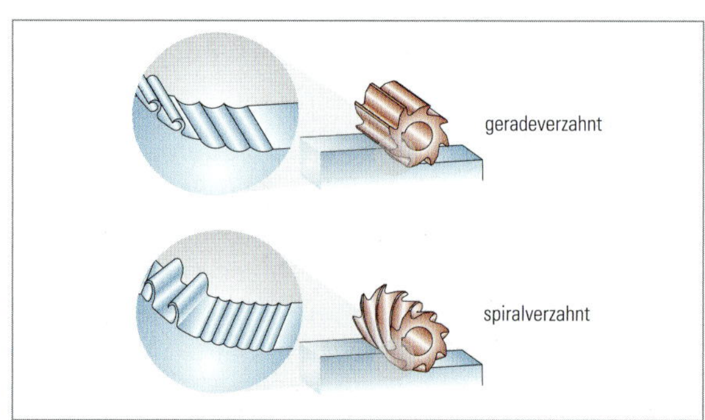

2: Oberfläche nach dem Fräsen mit geradeverzahnten und spiralverzahnten Fräsern

Übungen

1. Wie unterscheiden sich die verschiedenen Fräser? Wie wählen Sie den besten Fräser für eine bestimmte Arbeit aus?
2. Welche Fräsmaschinen werden nach der Lage von ihrer Arbeitsspindel unterschieden?
3. Nennen Sie die Vorteile von spiralverzahnten Fräsern gegenüber geradeverzahnten Fräsern.

Bewegungen an der Fräsmaschine
Die Fräsmaschine führt verschiedene Bewegungen aus. Als erstes gibt es die **Schnittbewegung**. Sie entsteht dadurch, dass die Maschine das Werkzeug kreisförmig dreht. Als zweites gibt es die **Vorschubbewegung**. Und als drittes gibt es die **Zustellbewegung**.
Die Bewegungsgeschwindigkeiten von der Fräsmaschine hängen von verschiedenen Dingen ab. Zum Beispiel davon:

- Material vom Werkstück
- Form und Größe vom Fräswerkzeug
- Material vom Fräswerkzeug
- Bearbeitungsart vom Werkstück
- geforderte Standzeit vom Fräswerkzeug

Bei der Fräsmaschine müssen Sie die **Umdrehungsfrequenz** n einstellen. Die kennen Sie schon vom Bohren und vom Drehen. Sie ist abhängig von der **Schnittgeschwindigkeit** v_c und von dem **Durchmesser** d vom Fräser. Fräser arbeiten teilweise mit sehr hohen Schnittgeschwindigkeiten. Im Tabellenbuch finden Sie Werte, mit welchen Schnittgeschwindigkeiten Sie welchen Werkstoff mit welchem Fräser bearbeiten. Mit diesen Werten können Sie die Umdrehungsfrequenz ausrechnen. Das machen Sie mit dieser Formel:

$$n = \frac{v_c}{d \cdot \pi}$$

n: Umdrehungsfrequenz in $\frac{1}{\text{min}}$

v_c: Schnittgeschwindigkeit in $\frac{\text{m}}{\text{min}}$ (aus dem Tabellenbuch)

d: Durchmesser vom Fräser in mm

Sie müssen noch die Meter in Millimeter umrechnen. Denn: 1 m = 1000 mm. Darum müssen Sie mal Tausend rechnen.

Beispiel

Sie wollen eine Umdrehungsfrequenz n ausrechnen. Sie haben ein Werkstück aus Stahl (S235) und einen Walzenstirnfräser mit dem Durchmesser d = 63 mm. Der Fräser hat 14 Zähne und ist aus HSS.

- Sie finden im Tabellenbuch die Schnittgeschwindigkeit v_c, mit der Sie arbeiten müssen. Sie beträgt $25 \frac{\text{m}}{\text{min}}$.
- Werte in die Formel einsetzen: $n = \frac{25.000 \frac{\text{mm}}{\text{min}}}{63\,\text{mm} \cdot 3{,}14}$.
- Ausrechnen: 25.000 geteilt durch 63, geteilt durch π ergibt ungefähr 126,3.
- Sie stellen an der Maschine also 126 Umdrehungen pro Minute ein.

Als nächstes kommt die **Vorschubbewegung**. Sie ist zum Beispiel abhängig von:

- der Umdrehungsfrequenz
- der Anzahl Zähne vom Werkzeug
- der Schnitttiefe

Wenn ein Fräser wenige Zähne hat, muss jeder Zahn mehr arbeiten. Wenn der Vorschub dann zu schnell ist, verschleißen die Zähne zu schnell. Oder sie können sogar abbrechen.

Mit einem Fräser mit vielen Zähnen ist ein schnellerer Vorschub möglich als mit einem Fräser mit wenigen Zähnen.

Die Vorschubgeschwindigkeit müssen Sie in zwei Schritten ausrechnen.

Zuerst ermitteln Sie den Vorschub pro Umdrehung mit dieser Formel:

$$f = f_z \cdot z$$

f: Vorschub in mm pro Umdrehung

f_z: Vorschub pro Zahn in mm (aus dem Tabellenbuch)

z: Anzahl Zähne vom Werkzeug

Beispiel

Wir nehmen als Beispiel das Werkzeug und das Werkstück, mit dem wir schon die Umdrehungsfrequenz ausgerechnet haben.

- Im Tabellenbuch finden Sie den Wert für f_z. Er beträgt 0,25 mm. Außerdem wissen Sie, dass $z = 14$ ist. z hat keine Einheit, weil es eine Anzahl ist.
- Werte in die Formel einsetzen: $f = 0{,}25\,\text{mm}$
- Ausrechnen: $0{,}25\,\text{mm} \cdot 14 = 3{,}5\,\text{mm}$
- Die Maschine soll also pro Umdrehung 3,5 mm Vorschub machen. Diese Geschwindigkeit ist für den Werkstoff und das Werkzeug genau richtig.

Mit dem Vorschub pro Umdrehung können Sie die Vorschubgeschwindigkeit v_f ausrechnen. Das machen Sie mit dieser Formel:

$v_f = f \cdot n$

v_f: Vorschubgeschwindigkeit in $\frac{\text{mm}}{\text{min}}$

n: Umdrehungsfrequenz in $\frac{1}{\text{min}}$

f: Vorschub in mm pro Umdrehung

Beispiel

Sie wissen schon, dass $f = 3{,}5$ mm ist. Und Sie wissen, dass $n = 126 \frac{1}{\text{min}}$.

- Werte in die Formel einsetzen:
  $v_f = 3{,}5\,\text{mm} \cdot 126 \frac{1}{\text{min}}$
- Ausrechnen: $3{,}5\,\text{mm} \cdot 126 \frac{1}{\text{min}} = 441 \frac{\text{mm}}{\text{min}}$.
- Sie stellen an der Maschine also 440 Millimeter Vorschub pro Minute ein.

Zuletzt gibt es noch die **Zustellbewegung**. Die ist vor allem von Vorgaben abhängig. Zum Beispiel davon:

- Sollmaße vom Werkstück
- Arbeitsanweisungen, wie viel Material Sie in einem Arbeitsschritt wegnehmen sollen
- von der möglichen Schnitttiefe vom Werkzeug

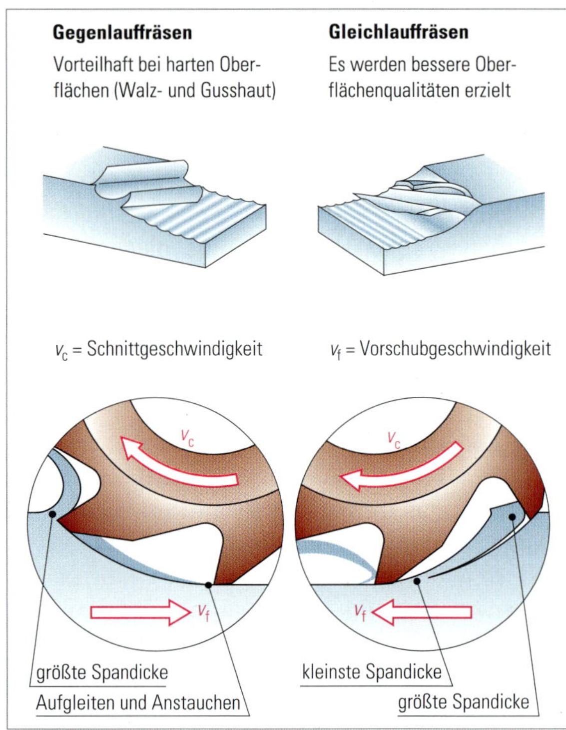

1: Gegenlauf-Fräsen und Gleichlauf-Fräsen

Jetzt haben Sie drei Bewegungen kennengelernt, die eine Fräsmaschine macht.
Es gibt noch eine vierte Bewegung, die in zwei verschiedenen Richtungen verlaufen kann. Das ist die Bewegung, mit der sich das Werkzeug und das Werkstück gegeneinander bewegen. Dazu sehen wir uns die Schnittbewegung vom Werkzeug und die Vorschubbewegung vom Werkstück an (Bild 1). Wenn sich das Werkstück und das Werkzeug in zwei unterschiedliche Richtungen bewegen, heißt das: **Gegenlauf-Fräsen**. Wenn sich das Werkstück und das Werkzeug in die gleiche Richtung bewegen, heißt das: **Gleichlauf-Fräsen**.
Am Fräser entstehen Späne, die wie ein Komma geformt sind. An einem Ende sind sie dünn und am anderen Ende sind sie etwas dicker. In Bild 1 können Sie sehen, wie der Schneidkeil die Späne vom Werkstück löst.
Beim Gegenlauf-Fräsen gleitet die Schneide erst über das Werkstück. Dann greift sie unten in den Werkstoff. Der Span ist unten ganz dünn. Währenddessen bewegt sich der Fräser weiter. Darum ist der Span da am dicksten, wo er vom Werkstück abgeht. Wenn Sie weichere Werkstoffe so fräsen, entsteht eine rauere Oberfläche.

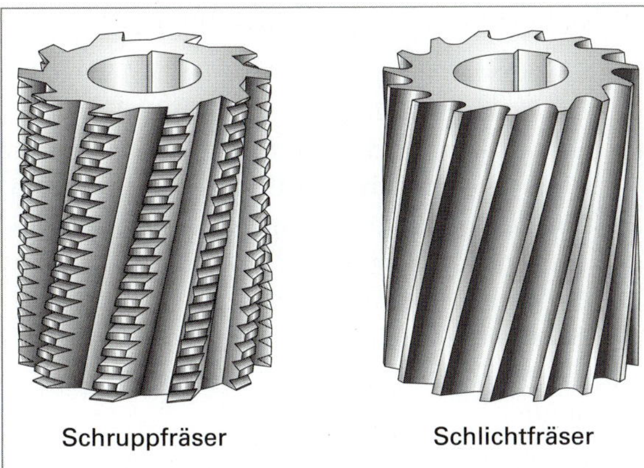

1: Walzenfräser zum Schruppen und zum Schlichten

Beim Gleichlauf-Fräsen „hackt" der Fräser in die Oberfläche vom Werkstück. Der Span ist an der Stelle dick und wird nach unten hin immer dünner. Es entsteht eine glattere Oberfläche.

Merke

Mit Gleichlauf-Fräsen lässt sich eine bessere Oberflächenqualität herstellen.

Arbeiten mit der Fräsmaschine

Mit der Fräsmaschine können Sie **Schruppen** und **Schlichten** (Bild 1). Das kennen Sie schon vom Drehen. Es gibt Fräser für das Schruppen. Damit nehmen Sie schnell viel Material weg. Und es gibt Fräser für das Schlichten. Damit entsteht eine glatte Oberfläche mit hoher Qualität.
Das Besondere an Fräsmaschinen ist aber, dass Sie verschiedene Formen damit herstellen können.

Beispiele (Bild 1, S. 32 und S. 33):

- Sie können am Werkstück eine glatte, ebene Oberfläche machen. Das heißt: **Stirnfräsen.** Dabei ist der Fräser senkrecht zum Werkstück. Der Fräser hat Schneiden auf der flachen Stirnseite (Fräser Nummer 16).
- Eine ebene Fläche können Sie auch mit einem **Umfangsfräser** machen. Ein solcher Fräser ist wie eine Walze geformt. Seine Schneiden sind gerade oder gewendelt. Er liegt parallel zum Werkstück (Fräser Nummer 1).
- Beim **Stirn-Umfangsfräsen** steht der Fräser senkrecht auf dem Werkstück. Dieser Fräser hat Schneiden an der Stirnseite und an der Walzenseite. Sie können damit Absätze ins Werkstück fräsen (Fräser Nummer 2).
- Sie können eine Nut oder ein Langloch ins Werkstück fräsen. Dafür gibt es verschiedene Fräser, je nachdem, wie die Nut aussehen soll. Zum Beispiel den **Nutenfräser** (Fräser Nummer 4), den **Schaftfräser** (Fräser Nummer 10), den **Schwalbenschwanzfräser** (Fräser Nummer 13) oder den **T-Nutenfräser** (Fräser Nummer 11).
- Mit **Halbkreis-Formfräsern** können Sie **konvexe** oder **konkave Formen** machen (Fräser Nummer 7 und 8). Dafür gibt es eine Eselsbrücke: konvex = Berg, konkav = Tal.
- Außerdem gibt es noch Fräser für ganz spezielle Anwendungen. Zum Beispiel für **Zahnstangen** (Fräser Nummer 15) oder für **Zahnräder** (Fräser Nummer 14).

Übungen

1. Welche Bewegungsgeschwindigkeiten müssen Sie vor dem Fräsen an der Fräsmaschine einstellen?
2. Wovon hängen die Geschwindigkeiten an der Fräsmaschine ab?
3. Beschreiben Sie die Unterschiede von Stirnfräsern, Umfangsfräsern und Stirn-Umfangsfräsern.

2.4.3 Bearbeitungszentren

Ein Bearbeitungszentrum kann komplizierte Werkstücke anfertigen. Es hat verschiedene Werkzeuge und kann mehrere Arbeiten kombinieren. Zum Beispiel gibt es Bearbeitungszentren, die fräsen, bohren oder drehen können.

Manche Bearbeitungszentren haben auch mehrere Arbeitsspindeln. Dann können Sie mehrere gleiche Werkstücke auf einmal herstellen.

Die **Vorteile** von Bearbeitungszentren sind:

- Sie können Werkstücke sehr genau und maßhaltig machen. Es gibt Bearbeitungszentren, die auf ein paar Mikrometer genau arbeiten. Ein Mikrometer ist der tausendste Teil von einem Millimeter.
- Sie können Werkstücke in einer kurzen Zeit fertig bearbeiten. Denn Sie müssen das Werkstück nicht umspannen. Und Sie müssen auch nicht die Werkzeuge wechseln. So ein Werkzeugwechsel heißt: umrüsten.
- Sie können das Werkstück in einem anderen Arbeitsgang direkt weiterbearbeiten. Denn oft hat die Maschine schon Grate und Späne entfernt.

Die **Nachteile** von Bearbeitungszentren sind:

- Die Anschaffungskosten sind hoch.
- Die Instandhaltung ist sehr aufwendig.
- Es sind zusätzlich Kenntnisse (teilweise sehr umfangreiche) über die CNC-Steuerung nötig.
- Ein Bearbeitungszentrum kann nur als Ganzes funktionieren. Wenn ein Teil ausfällt, steht die ganze Maschine still.
- Bearbeitungszentren lohnen sich nur, wenn sie flexibel genutzt und eingesetzt werden können.

Bearbeitungszentren können Bewegungen in verschiedene Richtungen machen. Sie können zum Beispiel:

- das Werkstück neigen oder kippen
- das Werkstück drehen
- das Werkstück nach vorne oder hinten, nach rechts oder links, nach oben oder unten fahren

Bearbeitungszentren sind CNC-gesteuert. CNC ist die Abkürzung für Computerized Numerical Control (rechnergestützte numerische Steuerung).

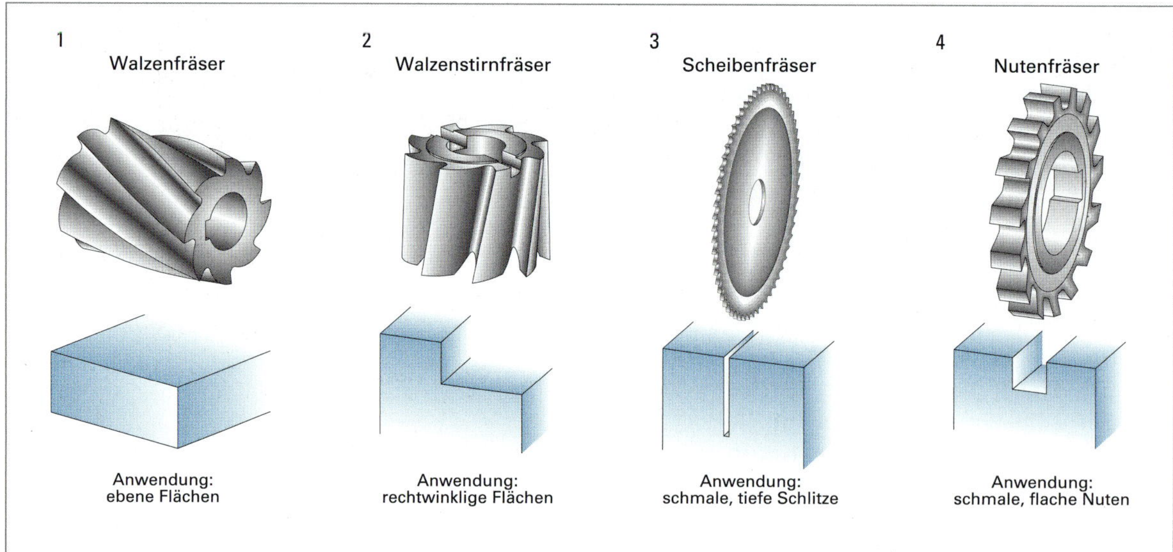

1: Verschiedene Fräser und ihre Bewegungen am Werkstück

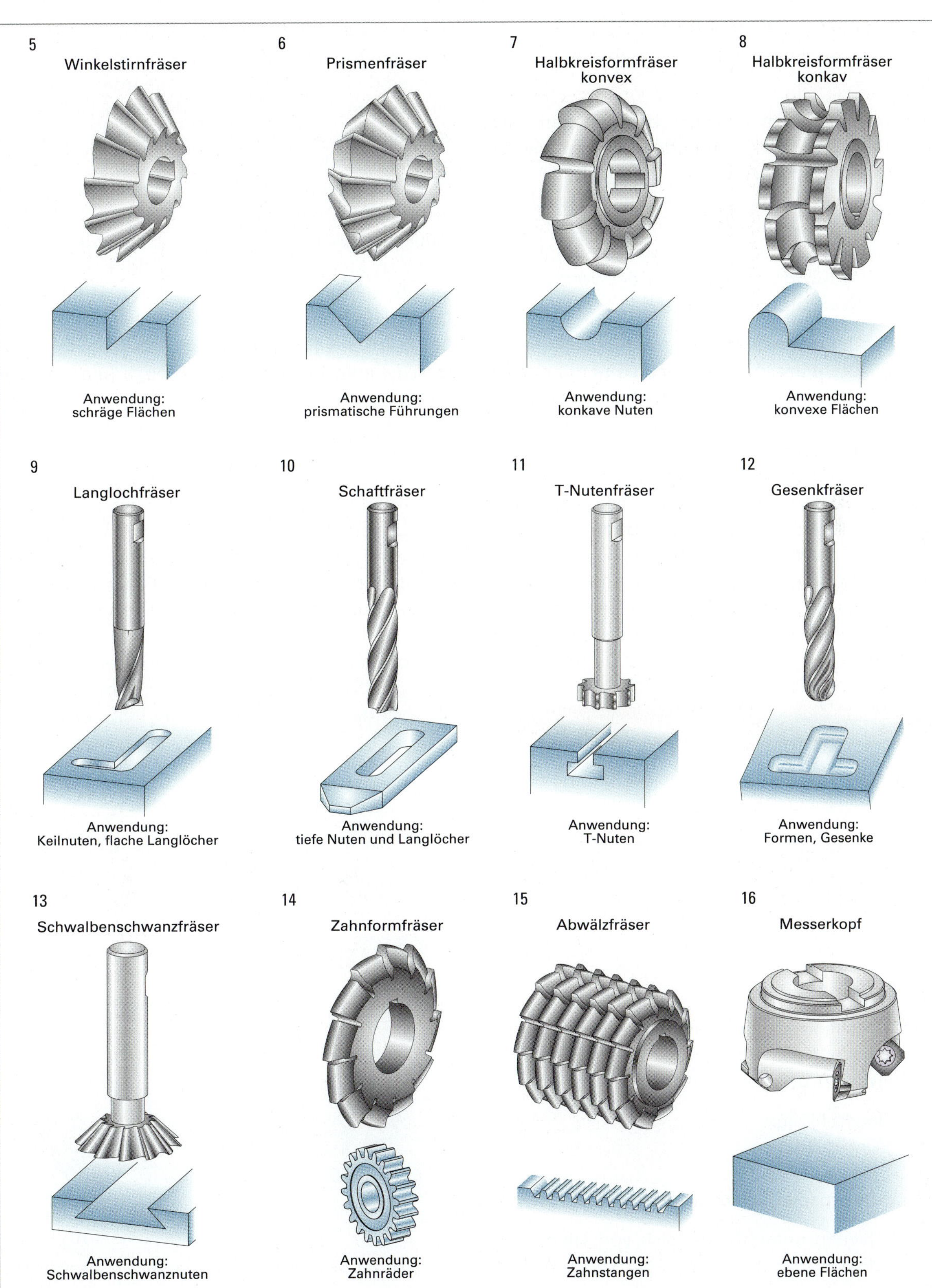

Fortsetzung 1: Verschiedene Fräser und ihre Bewegungen am Werkstück

Am Bearbeitungszentrum muss man zuerst alle notwendigen Informationen am Rechner eingeben:

- Informationen zur Geometrie vom Werkstück. Das heißt: zur Form und zur Größe, die das Werkstück haben soll.
- Informationen zur Technologie. Das heißt: zu Umdrehungsfrequenzen, Vorschubbewegungen und Zustellbewegungen. Außerdem eventuell Informationen zu den Werkzeugen, die die Maschine benutzt.

Die Maschine führt dann die spanenden Arbeiten aus. Sie dreht und fräst das Werkstück auf die eingegebenen Maße. Sie arbeitet alle Arbeitsschritte so ab, wie sie programmiert ist.
Das Programmieren dauert manchmal länger als das Spanen. Das hängt davon ab, wie kompliziert die Form ist. Die Arbeit mit einer CNC-gesteuerten Maschine lohnt sich darum manchmal nur, wenn sie eine Serie von Teilen herstellen.
Manche Bearbeitungszentren können sogar selbst das Werkzeug wechseln. Sie können also selbst umrüsten. Oder sie können selbst die Späne wegräumen.

Übungen

1. Nennen Sie die Vorteile und die Nachteile von Bearbeitungszentren.
2. Wie kann ein Bearbeitungszentrum das Werkstück bewegen? Welche Vorteile hat diese Beweglichkeit?

2.4.4 Schleifen

Das Schleifen ist eine spanende Arbeit mit vielschneidigen Werkzeugen. Sie kennen es aus Ihrer alltäglichen Arbeit, zum Beispiel mit dem:

- Bandschleifer
- Winkelschleifer
- Schleifbock
- Schleifpapier/Schleifleinen

Das Schleifen unterscheidet sich von allen anderen Techniken, die Sie hier schon kennengelernt haben. Denn beim Schleifen sind die Schneiden **geometrisch unbestimmt**. Das heißt: Die Schneiden sind nicht regelmäßig angeordnet. Und sie sind von der Form her nicht einheitlich. Das gibt es zum Beispiel auch beim Honen, Läppen, Polieren und Sandstrahlen.
Beim Schleifen kommen wenige positive und viele negative Spanwinkel vor. Darum arbeitet ein Schleifwerkzeug überwiegend **schabend** und nur zu einem kleinen Teil **schneidend** (Bild 1).
Es gibt feine und grobe Werkzeuge zum Schleifen. Das kennen Sie schon von den Feilen.
Ein paar Schleifwerkzeuge arbeiten mit langsamen Geschwindigkeiten. Manchmal sogar mit Kühlung durch Wasser oder Öl.
Aber die meisten Schleifwerkzeuge arbeiten mit großen Geschwindigkeiten. Dabei entstehen sehr starke Reibung und sehr viel Reibungswärme. Die Wärme ist so groß, dass beim Schleifen von Eisen und Edelstahl Funken sprühen. Durch die Wärme verfärben sich Eisen und Edelstahl beim Schleifen. Bei Aluminium entstehen keine Funken. Und Aluminium verfärbt sich beim Schleifen nicht. Trotzdem entsteht dabei Wärme. Vorsicht beim Schleifen von kleinen Teilen: Aluminium leitet die Wärme sehr gut. Die Späne kühlen zwar ziemlich schnell ab, aber das Werkstück kann sehr heiß werden.

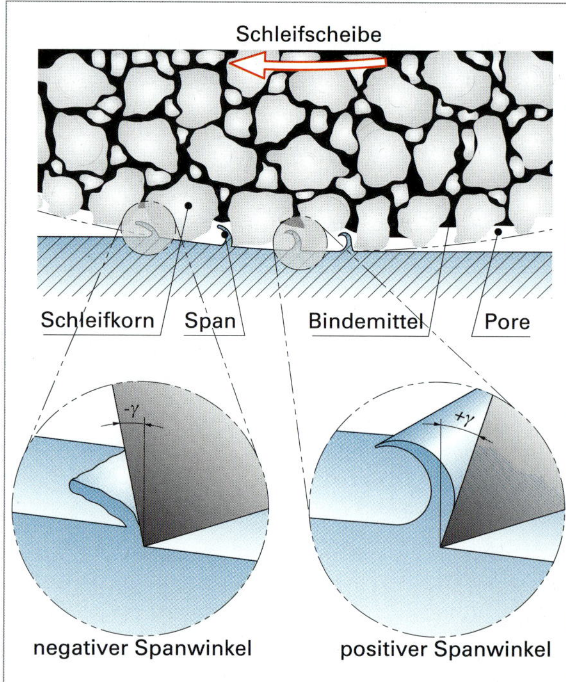

1: Schleifkörner arbeiten schabend und schneidend.

Werkstatthinweise

- Beim Schleifen entstehen Funken und heiße Späne. Tragen Sie beim Schleifen immer eine Schutzbrille! Funken und heiße Späne können sich in die Augen einbrennen.
- Wenn Sie am Schleifbock oder am Bandschleifer arbeiten, halten Sie kleine Werkstücke mit einer Zange fest. Dann verbrennen Sie sich nicht die Finger.
- Wenn Sie mit dem Winkelschleifer arbeiten, spannen Sie kleine und leichte Werkstücke fest.
- Nutzen Sie die Absaugung für die Späne (falls eine vorhanden ist). Tragen Sie ansonsten einen Atemschutz, besonders bei längeren Schleifarbeiten.

Die Schleifwerkzeuge

Die Werkzeuge zum Schleifen heißen: **Schleifkörper**. Der Schleifkörper besteht aus vielen harten **Schleifkörnern**, dem Schleifmittel. Die Körner sind rau und kantig. Ihre Kanten sind die Schneiden.

Die Körner sind mit einer Art Klebstoff miteinander verbunden. Das ist die sogenannte **Bindung**. Das kann zum Beispiel Kunstharz sein oder ein keramischer Stoff. Die Bindung gibt es in verschiedenen **Härtegraden**. Es ist von der Bindung abhängig, wie hart ein Schleifkörper ist. Und nicht von den Körnern an sich.

Merke

Die Härte von der Bindung gibt den Härtegrad von einem Schleifkörper an.

Die Bindung ist also unterschiedlich hart. Und von dieser Härte hängt es ab, wie schnell sich ein Schleifkörper abnutzt.

Als Vergleich denken Sie an die Schleifscheibe am Schleifbock und an eine dünne, flexible Trennscheibe. Mit beiden bearbeiten Sie zum Beispiel Edelstahl.

Die Scheibe im Schleifbock hält dabei jahrelang. Die Bindung ist sehr hart. Die dünne Trennscheibe nutzt sich aber sehr schnell ab. Die Bindung ist sehr weich. Der Schleifkörper muss darum zum Material vom Werkstück passen.

Bei manchen Schleifkörpern sind die Körner zu einer festen, starren Scheibe „verbacken". Zum Beispiel bei einer Schleifscheibe am Schleifbock. Solche Schleifscheiben sind hart und spröde. Sie sind nicht flexibel.

Bei anderen Schleifkörpern sind die Körner auf einer flexiblen Schicht. Zum Beispiel bei Schleifpapier oder bei Schleifbändern.

Trennscheiben für den Winkelschleifer gehören auch zu den Schleifwerkzeugen. Solche Scheiben sind mit Fasern verstärkt. Dadurch sind sie flexibel und brechen nicht so schnell.

Schleifkörper „schärfen" sich von selbst nach. Das können Sie besonders gut bei einer Schleifscheibe am Schleifbock beobachten. Die Scheibe wird zwar mit der Zeit kleiner. Aber trotzdem können Sie damit genauso gut schleifen.

Das „Schärfen" passiert hier gleichzeitig mit der Abnutzung vom Schleifkörper: Die alten, stumpfen Körner fallen aus. Darunter gibt es wieder scharfe, spitze Körner. Eine Schneide am Bohrer oder an der Fräse können Sie nachschärfen. Das geht bei Schleifkörpern nicht.

Wenn die Körner nicht ausfallen, schleift das Werkzeug nicht mehr. Es „schmiert" dann. Das Schmieren kommt auch vor, wenn die Zwischenräume zwischen den Körnern voller Späne sind. Das passiert, wenn der Schleifkörper und das Werkstück nicht zusammenpassen. Zum Beispiel wenn Sie Aluminium mit einem Schleifwerkzeug für Stahl schleifen.

Beispiele

- Wenn Sie einen harten Werkstoff schleifen, werden die Körner schnell stumpf. Darum sollen sie regelmäßig ausfallen. Dann erscheinen neue scharfe Körner. Das geht nur mit einer weichen Bindung. Zum Beispiel aus Gummi oder Kunstharz.
- Wenn Sie einen weichen Werkstoff schleifen, bleiben die Körner länger scharf. Sie sollen erst spät ausfallen. Das geht nur mit einer harten Bindung. Zum Beispiel aus Keramik oder Metall.

Merke

Weiche Werkstoffe schleifen Sie mit harten Schleifkörpern.

Harte Werkstoffe schleifen Sie mit weichen Schleifkörpern.

Die Schleifmittel

Zwar bestimmt die Bindung den Härtegrad von den Schleifkörpern. Aber trotzdem muss das Schleifmittel, also die Körner, deutlich härter sein als das Material vom Werkstück.

Schleifmittel gibt es aus verschiedenen Materialien. Für jeden Werkstoff gibt es also gut geeignete Schleifmittel. Zum Beispiel:

- Das häufigste Schleifmittel ist **Edelkorund**. Das ist ein sehr hartes Aluminium-Oxid.
- **Siliziumkarbid** eignet sich für härtere Werkstoffe.
- **Bornitrid** eignet sich für gehärtete, legierte Stähle.
- **Diamant** ist der härteste Schleifstoff. Synthetischer Diamant eignet sich zum Schleifen von Hartmetall oder Schnellarbeitsstahl. Beim Schleifen muss man aber sehr viel kühlen.
- **Schmirgel** ist ein natürliches Schleifmittel, das heute so gut wie nicht mehr benutzt wird. Daher kommt das Wort Schmirgelpapier, das manche Leute heute manchmal noch benutzen.

Es gibt unterschiedlich grobe oder feine Schleifwerkzeuge. Denn der Schleifkörper kann aus feinen oder groben Körnern bestehen. Das heißt: **Körnung**. Ein Schleifmittel mit feiner Körnung besteht aus vielen kleinen Körnern. Ein Schleifmittel mit grober Körnung besteht aus wenigen großen Körnern.

Merke

Je größer die Körnungszahl ist, desto feiner ist das Schleifmittel.

Das können Sie am besten auf einem Stück Schleifpapier sehen. Bei einem sehr groben Schleifpapier können Sie die Körner fast zählen. Bei einem sehr feinen Schleifpapier können Sie die Körner kaum fühlen. Für die Einordnung von grob bis fein gibt es die **Körnungszahl** (Bild 1).

Vor der Herstellung von Schleifwerkzeugen werden die verschieden großen Körner sortiert. Das geschieht durch Aussieben.

Es gibt Siebe mit unterschiedlich großen Maschen. Hier kommt wieder die Maßeinheit Zoll ins Spiel. Die kennen Sie schon von der Zahnteilung bei der Säge (Kap. 2.2.2). Die Körnungszahl gibt an, wie viele Maschen das Sieb auf einem Zoll Länge hat. Bei den niedrigen Zahlen sind die Maschen noch ein paar Millimeter groß. Bei den hohen Zahlen sind sie nur noch ein paar Mikrometer groß.

Merke

Mit einer groben Körnung nehmen Sie schnell viel Material vom Werkstück weg. Das heißt: Sie arbeiten mit einer hohen Zerspanungsleistung. Die Oberfläche wird rau.

Mit einer feinen Körnung haben Sie nur eine niedrige Zerspanungsleistung. Die Oberfläche wird glatt.

Zwischen den Körnern befinden sich Zwischenräume. Dort entstehen die Späne. Diese Zwischenräume heißen: **Poren**. Die Poren sind auch unterschiedlich groß. Ein grobes Schleifmittel nimmt schnell viel Material weg. Viele Späne entstehen. Darum müssen auch die Poren groß sein.

Die Körner, die Bindung und die Poren zusammen heißen: **Gefüge** (Bild 1, S. 37).

Körnung	Bezeichnung	Körpergröße in mm	Rz in	Rz in	Einsatzbereich
6...24	grob	ca. 3...24	ca. 25...6	ca. 6...2	Schruppschleifen
30...60	mittel	ca. 0,8...0,25	ca. 6...1,6	ca. 2...0,4	Vorschleifen
70...180	fein	ca. 0,25...0,1	ca. 1,6...0,2	ca. 0,4...0,1	Feinschleifen
220...1200	sehr fein	ca. 0,1...0,003	ca. 25...0,05	ca. 0,1...0,03	Präzisionsschleifen

1: Körnung, Bezeichnung und Einsatzbereich

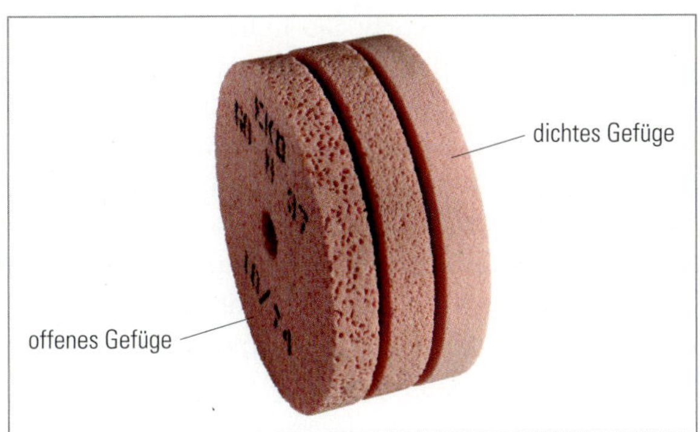

1: Schleifscheiben mit unterschiedlichem Gefüge

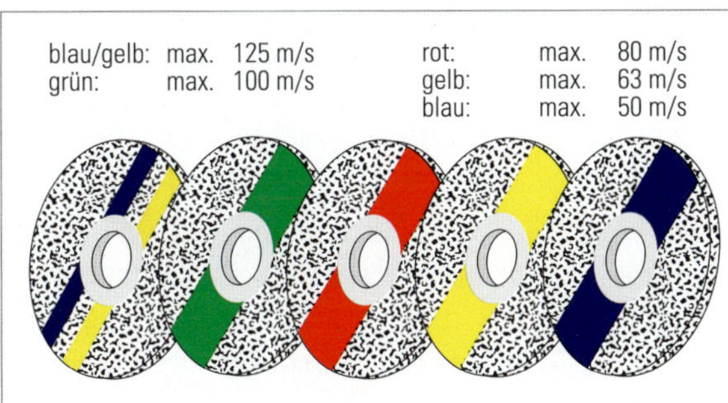

2: Farbige Markierungen an Schleifscheiben für unterschiedliche Drehgeschwindigkeiten

Arbeiten mit Schleifwerkzeugen

Mit Schleiftechniken können Sie **plane Flächen**, **zylindrische Werkstücke** und **spezielle Formen** herstellen. Für Zylinder oder spezielle Formen brauchen Sie besondere Vorrichtungen. Außerdem können Sie Oberflächen in bestimmten Qualitäten herstellen.

Im Metallbau sind die häufigsten Schleifmaschinen: der Schleifbock, der Winkelschleifer und der Bandschleifer. Alle diese Maschinen arbeiten unterschiedlich. Aber sie haben eine Gemeinsamkeit: Sie drehen einen Schleifkörper.

Die Drehgeschwindigkeit ist teilweise sehr hoch. Sie ist aber abhängig davon, was man schleift.

Winkelschleifer

Den **Winkelschleifer** benutzen Sie zum Beispiel, um:

- Schweißnähte zu verputzen
- zu trennen
- Kanten zu entgraten

3: Trennschleifen mit dem Winkelschleifer

Für den Winkelschleifer gibt es Trennscheiben und Schleifscheiben. Die Scheiben gibt es in verschiedenen Größen und Formen. Schleifscheiben unterscheiden sich außerdem in ihrer:

- Körnung
- Härte
- Eignung für bestimmte Werkstoffe
- Eignung für bestimmte Umdrehungsgeschwindigkeiten

Für jede Arbeit mit dem Winkelschleifer gibt es also eine optimale Scheibe. Das gilt für Trennscheiben und für Schleifscheiben (Bild 2).

Ein Winkelschleifer ist nicht so harmlos, wie manche Leute sagen. Er arbeitet mit großer Energie. Das hat mit den hohen Geschwindigkeiten zu tun (Bild 3).

Werkstatthinweise

- Benutzen Sie nie kaputte Trennscheiben oder Schleifscheiben. Eine kaputte Scheibe kann beim Schleifen in viele kleine Stücke brechen. Die Stücke fliegen wie die Kugeln aus einer Schrotflinte durch die Gegend und können Menschen verletzen.
- Benutzen Sie einen Winkelschleifer nur mit Schutzhaube. Die Schutzhaube soll zwischen dem Menschen und der Scheibe sein.
- Benutzen Sie einen Winkelschleifer nur mit Haltegriff. Dann können Sie die Maschine mit beiden Händen halten und sicher führen.
- Ziehen Sie vor dem Scheibenwechsel am Winkelschleifer den Stecker raus. Denn es kann passieren, dass Sie versehentlich an den Schalter kommen.

- Ziehen Sie die Mutter nach dem Scheibenwechsel nur mit der Hand fest. Nicht mit dem Schlüssel.
- Winkelschleifer sind zu laut. Tragen Sie einen Gehörschutz, wenn Sie damit arbeiten. Und auch dann, wenn eine Person in Ihrer Nähe damit arbeitet.
- Bei der Arbeit mit dem Winkelschleifer entsteht ein Funkenstrahl. Lenken Sie ihn nicht auf den Körper, auf die Kleidung und auf andere brennbare Sachen.
- Bei der Arbeit mit einem Winkelschleifer fliegen Funken. Tragen Sie darum eine Schutzbrille.
- Die Funken brennen sich in andere Gegenstände ein. Lenken Sie den Funkenstrahl darum nicht auf Werkstücke, die Sie damit beschädigen könnten. Auch nicht auf Autos oder Fensterscheiben. Die Funken brennen sich in den Lack und sogar ins Glas ein.

Exkurs: Arbeiten am Bandschleifer

Eine Kreisbewegung kommt uns alltäglich vor. Aber trotzdem ein paar Worte dazu.
Es passieren immer wieder Unfälle mit drehenden Maschinen. Das hat unter anderem auch mit der Kreisbewegung zu tun. Denn es geschehen unterschiedliche Dinge, je nachdem, wie Sie an die Kreisbewegung herangehen. Das haben Sie vielleicht schon mal bei der Arbeit mit dem Winkelschleifer gemerkt. Manchmal „hüpft" der Winkelschleifer auf dem Werkstück. Und Sie kommen damit einfach nicht in die Ecke, in die Sie wollen.
Fragen Sie, ob Sie in der Werkstatt mal etwas zur Kreisbewegung ausprobieren dürfen. So lernen Sie die Bewegung von drehenden Maschinen besser kennen. Damit können Sie später Unfälle vermeiden. Stellen Sie sich zum Beispiel vor, Sie haben ein langes, dünnes Holzstäbchen. Das Holzstäbchen sollen Sie mit einem Bandschleifer schleifen. Es gibt verschiedene Möglichkeiten, es an den Bandschleifer zu halten (Bild 1).
Beim ersten Versuch legen Sie es auf die Auflage am Bandschleifer und halten es an das laufende Band. Wenn Sie es genau waagerecht halten, macht der Bandschleifer das, was er soll: Er schleift.
Jetzt der zweite Versuch: Sie halten das Holzstäbchen von unten schräg nach oben an das Band. Es beginnt, zu zittern und zu tanzen. Das ist nicht gefährlich, aber das Schleifen funktioniert nicht gut.
Jetzt der dritte Versuch: Sie halten das Holzstäbchen steil von oben nach unten an das Band. Der Bandschleifer reißt es sofort nach unten weg. Das ist tatsächlich gefährlich. Denn stellen Sie sich nur mal vor, es wäre kein Holzstäbchen, sondern Ihr Ärmel. Oder sogar Ihr Finger.

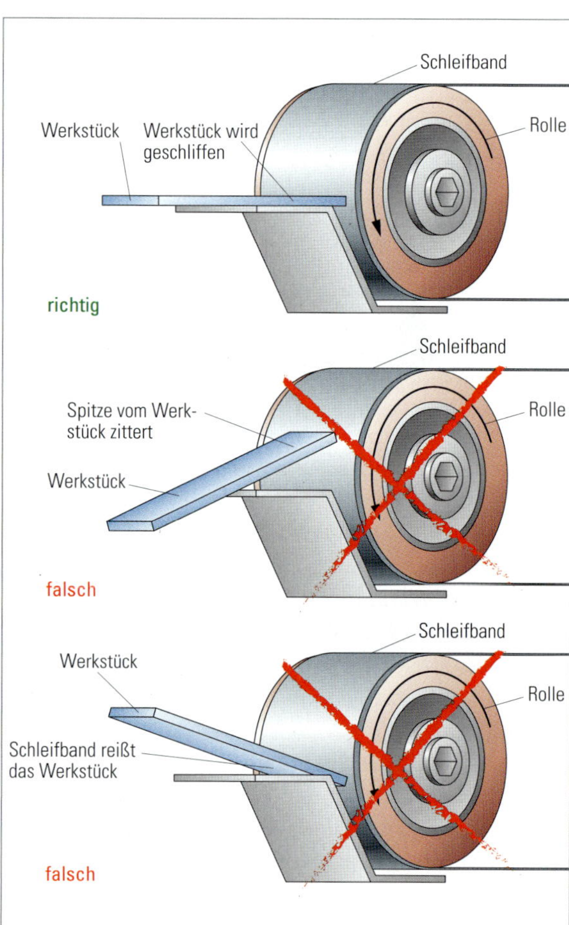

1: Arbeiten am Bandschleifer

Bandschleifer

Am **Bandschleifer** (Bild 1, S. 39) können Sie viele verschiedene Schleifarbeiten machen. Zum Beispiel:

- Werkstücke entgraten
- Rundungen schleifen

- glatte Flächen schleifen
- Schweißnähte verputzen
- Werkstücke anfasen

Für den Bandschleifer gibt es Schleifbänder in verschiedenen Körnungen.

Werkstatthinweise

- Legen Sie ein neues Schleifband immer „richtig herum" auf. Auf der Rückseite sind Pfeile. Das Band liegt richtig, wenn die oberen Pfeile zu Ihnen zeigen und die unteren von Ihnen weg.
- Die Auflage darf höchstens 3 mm vom Schleifband entfernt sein.
- Tragen Sie **keine** Handschuhe. Wenn das Schleifband den Handschuh fasst, kann er reingezogen werden.

Schleifbock

Die dritte wichtige Maschine ist der **Schleifbock**. Den Schleifbock nutzen Sie, um Werkzeuge wie Meißel oder Bohrer zu schärfen. Er hat meistens zwei verschiedene Schleifscheiben. Die Scheiben sind aus unterschiedlichen Körnern gemacht. Darum eignen sie sich für verschiedene Werkstoffe. Zum Beispiel ist eine Scheibe zum Schleifen von Schnellarbeitsstahl. Und die andere ist für Hartmetall.
Die beiden Scheiben sind sehr hart und spröde. Ihre Bindung ist aus Keramik.

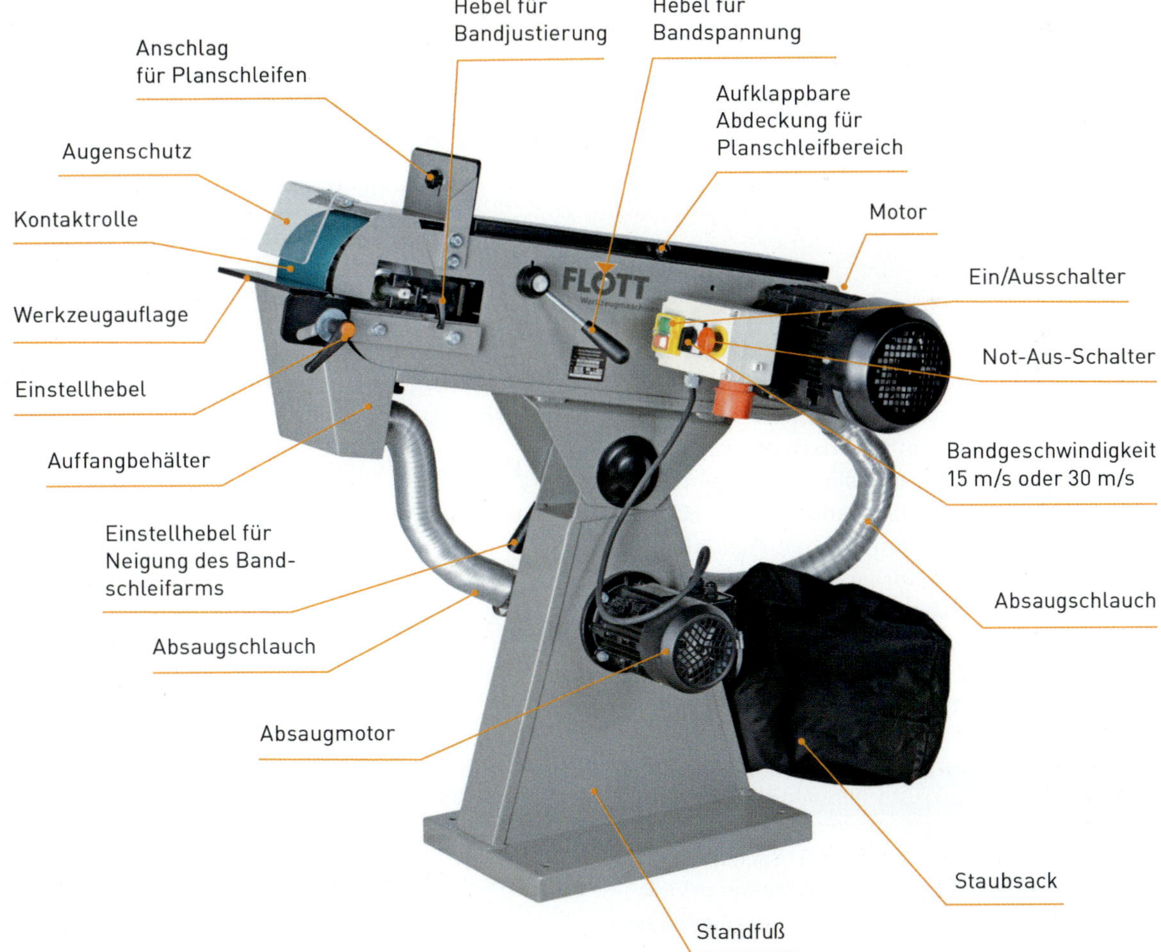

1: Bandschleifer

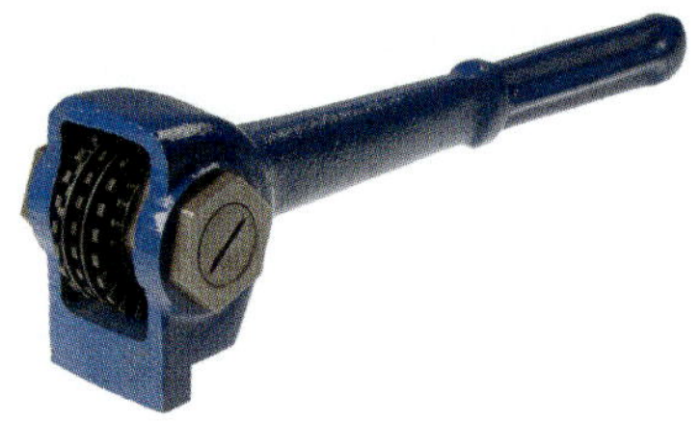

1: Handabrichter

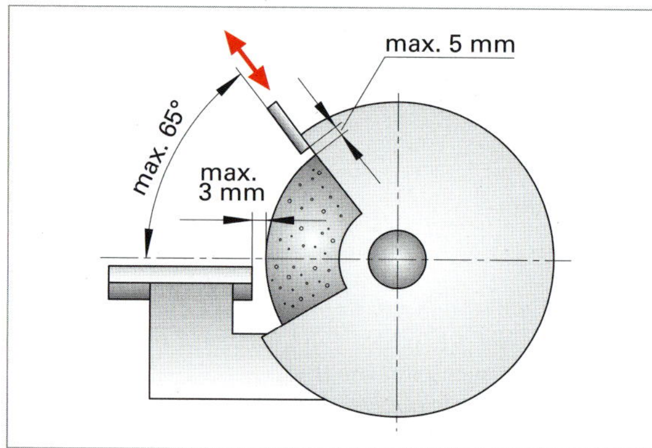

2: Einstellmaße am Schleifbock

Manchmal werden Schleifscheiben stumpf. Entweder sind die Poren voll mit Spänen oder die scharfen Kanten von den Körnern sind abgenutzt. Manche Scheiben sind auch im Lauf der Zeit nicht mehr genau rund. Wenn eine Schleifscheibe nicht mehr gut schleift oder eiert, müssen Sie sie abrichten. Dafür gibt es ein spezielles Werkzeug: den Handabrichter (Bild 1). Mit einem solchen Handabrichter werden die stumpfen Körner entfernt. So wird die Stirnseite von der Scheibe wieder gleichmäßig.
Es gibt Schleifböcke mit unterschiedlichen Drehzahlen. Die Scheiben müssen zu der Umdrehungsfrequenz von der Maschine passen.

Werkstatthinweise

- Benutzen Sie nie kaputte Schleifscheiben. Eine kaputte Scheibe kann beim Schleifen in viele kleine Stücke brechen. Die Stücke können wie die Kugeln aus einer Schrotflinte durch die Gegend fliegen und Menschen verletzen.
- Benutzen Sie einen Schleifbock nur mit Schutzhaube. Die Schutzhaube darf höchstens um 65° geöffnet sein.
- Die Auflage darf höchstens 3 mm von der Schleifscheibe entfernt sein. Wenn der Spalt größer ist, kann die Schleifscheibe das Werkstück ziehen. Davon kann die Scheibe springen.
- Schalten Sie die Maschine aus, wenn Sie die Schutzhaube oder die Auflage verstellen.
- Prüfen Sie vor dem Scheibenwechsel die neue Scheibe. Das machen Sie mit einer Klangprobe. Wenn Sie darauf klopfen, muss es einen hellen Klang geben. Dann ist die Scheibe ganz.

Übungen

1. Wie soll das optimale Schleifmittel sein:
   - für Hartmetall?
   - für Aluminium?
2. Nennen Sie fünf Maßnahmen gegen Unfälle und gegen gesundheitliche Schäden bei der Arbeit mit einem Winkelschleifer.
3. Was müssen Sie beachten, wenn Sie eine neue Trennscheibe auf den Winkelschleifer spannen?
4. Welche Schleifmaschine wählen Sie, wenn Sie:
   - einen Vierkant anfasen?
   - einen Bohrer schärfen?
   - eine Schweißnaht verputzen?
   - ein grob ausgeschnittenes Stück Blech genau rund schleifen?
   - eine Blechtafel entgraten?
   - einen Meißel schärfen?

3 Zerteilen

Das Zerteilen ist ein Trennverfahren, bei dem keine Späne entstehen. Das heißt: **spanlos**. Zu diesem Trennverfahren gehören zum Beispiel: Scherschneiden, Messerschneiden, Beißschneiden, Stanzen.

Merke

Beim Zerteilen entstehen keine Späne.

Beim Zerteilen arbeitet sich ein Schneidkeil durch das Werkstück hindurch. Beispiele: Messer, Meißel. Oder zwei Schneidkeile laufen gegeneinander. Beispiel: Kneifzange.
Oder zwei Schneidkeile laufen aneinander vorbei. Beispiele: Blechschere, Hebelschere.
Sie können Bleche, Vollmaterial und Rohre zerteilen. Für jede Arbeit gibt es das optimale Werkzeug. Häufig fertigt man durch Zerteilen Einzelteile für das Werkstück. Sie können zum Beispiel Langlöcher in Laschen stanzen, die Sie später anschweißen. Oder Sie schneiden ein Blech zu, das Sie später abkanten. Außerdem können Sie durch Zerteilen noch etwas am fertigen Werkstück ändern.
Es gibt verschiedene Werkzeuge für das Zerteilen von Hand und mit elektrischen Maschinen. Zu den Handwerkzeugen gehören zum Beispiel:

- Locheisen
- Meißel
- Handscheren
- Beißzangen
- Hebelscheren
- Seitenschneider
- Rohrschneider
- Hebeltafelscheren

Zu den elektrischen Maschinen gehören zum Beispiel:

- Tafelscheren (oft auch Schlagscheren genannt)
- Stanzen
- Nibbler

Es gibt zwei verschiedene Arten beim Zerteilen: **Geschlossen-Schneiden** und **Offen-Schneiden**. Das Locheisen und die Stanze sind gute Beispiele für das Geschlossen-Schneiden. Beim Geschlossen-Schneiden ist die ganze Schnittlinie innerhalb vom Werkstück. Sie können keinen Anfang und kein Ende vom Schnitt feststellen. Das ist zum Beispiel bei einem Kreis so. Beim Offen-Schneiden beginnt der Schnitt irgendwo am Rand vom Werkstück.

Werkstatthinweise

- Achtung: Alle Werkzeuge zum Zerteilen arbeiten mit sehr viel Kraft. Sogar eine Handschere kann einen Finger ohne weiteres abtrennen. Bleiben Sie unbedingt mit den Fingern von solchen Werkzeugschneiden fern.
- Viele Verfahren zum Zerteilen eignen sich besonders für Bleche. Bleche bekommen vom Zerteilen einen Grat. Dieser Grat kann teilweise breit und sehr scharf sein. Tragen Sie bei Blecharbeiten Arbeitshandschuhe ohne Löcher.
- Entgraten Sie Zuschnitte und Restbleche sofort nach dem Zerteilen.

3.1 Der Schneidkeil

Für jeden Trennvorgang brauchen Sie einen **Schneidkeil**. Das kennen Sie schon vom Spanen. Und das ist beim Zerteilen genauso.
Den **Keilwinkel** $\boldsymbol{\beta}$ („Beta") haben Sie schon in Kapitel 1 kennengelernt. Er muss auch beim Zerteilen zur Härte vom Werkstoff passen.
Wir vergleichen drei verschiedene Schneidkeile mit drei verschiedenen Werkstoffen.
Stellen Sie sich eine Messerklinge, eine Axt und einen Meißel vor. Stellen Sie sich dazu einen Laib Käse, einen Holzklotz und ein Stück Stahl vor (Bild 1, S. 42).

- Die Klinge von einem Messer ist schmal und scharf. Sie hat einen sehr kleinen Keilwinkel. Mit dem Messer zerteilen Sie den Käse ganz leicht.
- Die Axt hat eine etwas breitere Schneide. Der Keilwinkel ist größer als beim Messer. Sie müssen natürlich auch Kraft aufwenden, um mit der Axt den Holzklotz zu zerteilen.
- Der Meißel hat den breitesten Keilwinkel. Sie können das Stück Stahl damit zerteilen. Dafür müssen Sie aber sehr viel Kraft aufwenden.

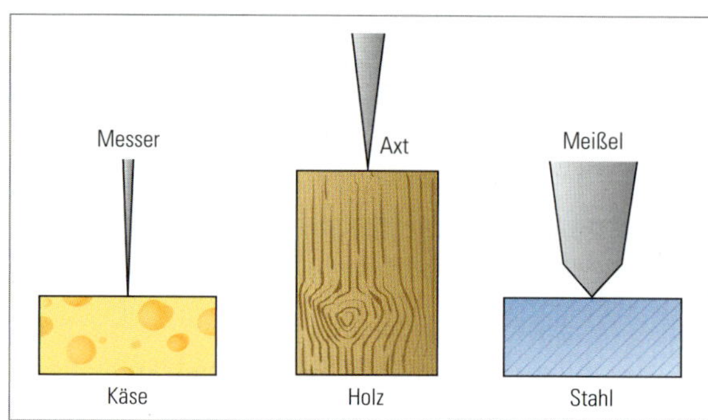

1: Verschiedene Schneidkeile

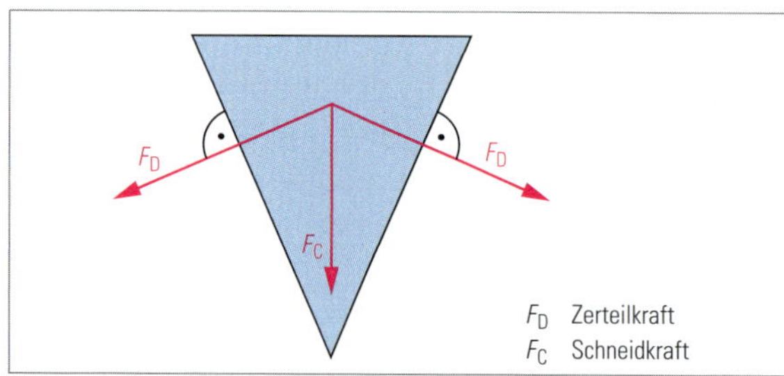

2: Schneidkraft und Zerteilkraft

Sie sehen, dass es für jeden Werkstoff einen optimalen Schneidkeil gibt.

Merke

Weiche Werkstoffe zerteilt man mit einem kleinen Keilwinkel.

Harte Werkstoffe zerteilt man mit einem großen Keilwinkel.

Kräfte am Schneidkeil

Für das Zerteilen von einem Werkstück brauchen Sie also mehr oder weniger **Kraft**. Das Messer kann den Käse schneiden, ohne dass Sie sich groß anstrengen. Beim Holzhacken mit der Axt müssen Sie schon mehr Kraft aufwenden. Und Sie brauchen sehr viel Kraft, um ein Stück Stahl mit dem Meißel zu zerteilen.

Das liegt natürlich an der Härte vom Werkstoff. Und davon ist der Keilwinkel β abhängig.

Nun wird es ein bisschen theoretisch. Wir sprechen über Kräfte und ihre Wirkung. Denn: Die Kräfte beim Zerteilen sind abhängig vom Keilwinkel β.

Kräfte kann man in einer Zeichnung als **Pfeil** darstellen. Kräfte wirken immer in eine bestimmte Richtung.

Sinnvollerweise zeichnen Sie den Pfeil so, dass er von der Kraft in Richtung der Wirkung zeigt:

Wenn Sie mit einem Meißel ein Stück Stahl zerteilen, setzen Sie ihn senkrecht auf das Werkstück. Dann schlagen Sie mit dem Hammer auf den Meißel. Das heißt: Die Kraft kommt senkrecht von oben. Sie wirkt senkrecht auf das Werkstück ein. Das ist die **Schneidkraft** F_C.

Die Schneidkraft kann unterschiedlich groß sein. Je nachdem, mit wie viel Kraft Sie auf den Meißel schlagen.

In einer Zeichnung stellt man das mit unterschiedlich langen Pfeilen dar. Lange Pfeile stehen für große Kräfte und kurze Pfeile für kleine Kräfte.

Oft wirkt aber nicht nur eine Kraft, sondern es wirken mehrere Kräfte. Kräfte können sich gegenseitig verstärken. Oder sie können sich aufteilen. Genau das passiert beim Schneidkeil vom Meißel: Die Schneidkraft teilt sich auf (Bild 2).

Das liegt daran, dass der Meißel einen symmetrischen Schneidkeil hat. Beim Zerteilen geht von den beiden Seiten vom Schneidkeil Kraft aus. Es wirken nun also zwei Kräfte. Die Kräfte gehen aber nicht in irgendeine Richtung. Sondern sie gehen senkrecht von den Seiten vom Schneidkeil aus. Das ist die **Zerteilkraft** F_D.

Das haben wir bis jetzt (Bild 2):

- Die **Schneidkraft** geht den Meißel „entlang". Sie geht vom Meißelkopf aus, auf den Sie mit dem Hammer schlagen. Und sie wirkt in Richtung Meißelschneide.
- Die Schneidkraft stellt man mit einem Pfeil dar. Der Pfeil geht vom Meißelkopf zur Schneide. Der Pfeil ist je nach Kraft unterschiedlich lang. In einer Zeichnung sieht es oft so aus, dass der Pfeil *senkrecht nach unten* geht.
- Die **Zerteilkraft** geht von beiden Seiten der Schneide aus. Die Seiten drücken den Werkstoff auseinander.
- Die **Zerteilkraft** ist auf beiden Seiten von der Meißelschneide. Die Kraft hat sich in zwei Kräfte aufgeteilt. Oder anders gesagt: zerlegt. Das heißt: **Kräftezerlegung**.
- Die **Zerteilkraft** stellt man mit zwei Pfeilen dar. Sie wirkt von der Meißelschneide in den

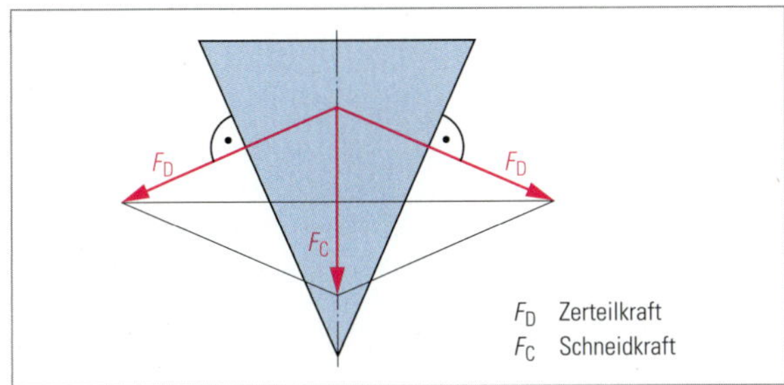

1: Kräfteparallelogramm am Schneidkeil

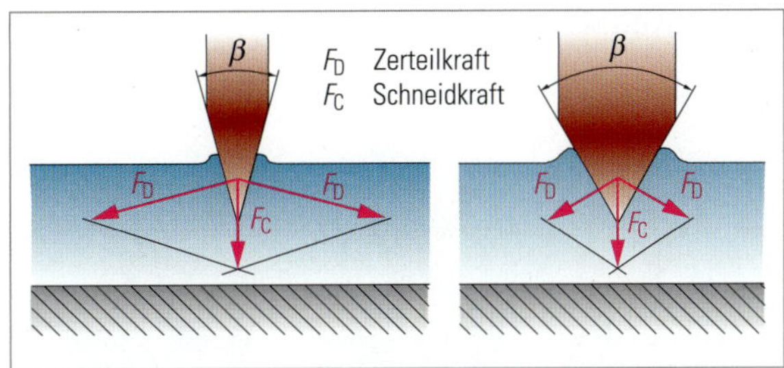

2: Zerteilkraft bei kleinen und großen Keilwinkeln

Werkstoff hinein. Die Pfeile gehen von der Schneide aus. Sie stehen *senkrecht auf beiden Seiten der Schneide*. Also im rechten Winkel.

Jetzt arbeiten wir mit unseren Pfeilen weiter. Wir machen uns ein Kräfteparallelogramm (Bild 1). Ein Parallelogramm ist ein Viereck. Bei einem Parallelogramm sind die zwei Seiten parallel zueinander, die sich gegenüberliegen. Außerdem sind diese zwei Seiten gleich lang.

Mit einem Kräfteparallelogramm können wir zeigen, wie groß die Zerteilkraft bei unterschiedlichen Keilwinkeln ist. Denn auch die Pfeile für die Zerteilkraft können unterschiedlich lang sein. Die Länge hängt vom Keilwinkel β ab.

Zum besseren Verständnis machen wir hier einen neuen Vergleich. Wir nehmen jetzt zwei Meißel mit verschiedenen Schneidkeilen. Die Schneidkraft soll bei beiden Meißeln gleich groß sein. Und wir benutzen beide Meißel an demselben Werkstoff.

Der Pfeil von der Schneidkraft muss also bei beiden Meißeln gleich lang sein. Wir wissen außerdem: Die Zerteilkraft geht senkrecht von der Schneiden-Seite aus. Damit können wir unser Kräfteparallelogramm machen.

In Bild 2 sehen Sie es deutlich: Die Schneidkraft ist bei beiden Meißeln gleich groß (die Pfeile senkrecht nach unten sind gleich lang). Aber die Zerteilkraft ist sehr unterschiedlich.

Bei einem kleinen Keilwinkel ist die Zerteilkraft groß. Die Kräftepfeile sind länger. Bei einem großen Keilwinkel ist die Zerteilkraft klein. Die Kräftepfeile sind kürzer.

Mit einem kleinen Keilwinkel können Sie also beim Zerteilen mehr Kraft umsetzen. Aber Schneiden mit einem kleinen Keilwinkel haben einen Nachteil: Sie verschleißen schneller als Schneiden mit einem großen Keilwinkel.

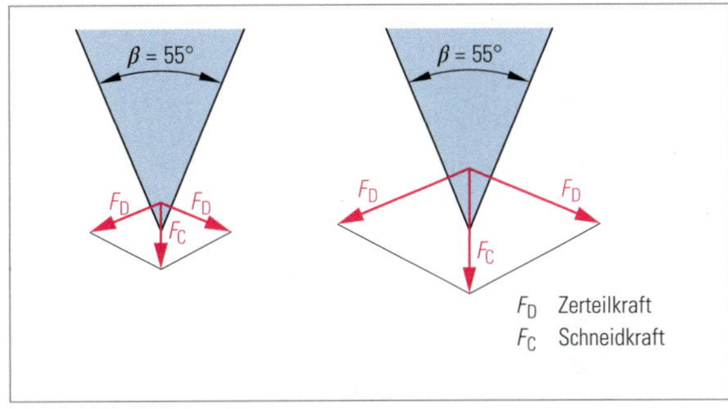

3: Zerteilkraft bei unterschiedlichen Schneidkräften

Jetzt haben wir gesehen, was bei zwei verschiedenen Keilwinkeln passiert. Es gibt aber noch einen zweiten Fall. Nämlich wenn der Keilwinkel gleichbleibt, aber die Schneidkraft unterschiedlich ist. Dann entsteht auch eine andere Zerteilkraft. Sie sehen es wieder im Kräfteparallelogramm (Bild 3). Im linken Bild wirkt nur eine kleine Schneidkraft. Die Zerteilkraft ist klein. Im rechten Bild wirkt eine große Schneidkraft. Die Zerteilkraft ist groß.

Merke

Kleine Keilwinkel haben eine große Zerteilkraft. Aber sie verschleißen schnell.

Große Keilwinkel haben eine kleine Zerteilkraft. Aber sie verschleißen langsam.

3.2 Der Schneidvorgang

Es gibt unterschiedliche Techniken, um ein Werkstück zu zerteilen. Es gibt Keilschneiden, Beißschneiden und Scherschneiden. Bei allen Techniken wird das Werkstück gestaucht, geschert und getrennt. Das geschieht durch das Einwirken von Kräften. Es heißt: Der Werkstoff wird **abgeschert**.

3.2.1 Keilschneiden

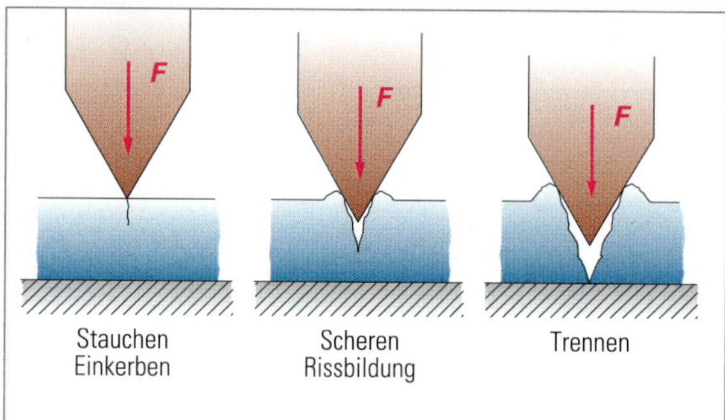

1: Zerteilvorgang beim Keilschneiden

Beim **Keilschneiden** arbeitet nur eine einzelne Schneide. Sie zerteilt den Werkstoff in drei Schritten (Bild 1). Beispiele hierfür sind: Messer, Meißel, Locheisen und Rohrschneider.

Zuerst drückt die Schneide in den Werkstoff und verformt ihn dabei. Die Schneide drückt den Werkstoff weg. Wülste entstehen neben der Schneide. Das heißt: **Stauchen**.

Dann dringt die Schneide weiter in den Werkstoff ein. Ein Riss entsteht in die Richtung, in die die Kraft von der Schneide geht. Das heißt: **Scheren**.

Zuletzt geht der Riss durch das ganze Werkstück hindurch. Der Werkstoff bricht in seinem ganzen Querschnitt durch. Das heißt: **Trennen**.

Beim Keilschneiden bewegt sich eine Schneide durch den Werkstoff.

3.2.2 Beißschneiden

Beim **Beißschneiden** ist der Vorgang ähnlich wie beim Keilschneiden. Der Werkstoff wird auch hierbei in drei Schritten zerteilt (Bild 2). Dabei bewegen sich allerdings zwei Schneiden aufeinander zu. Beispiele sind: Kneifzangen und Seitenschneider.

Die beiden Schneiden drücken in den Werkstoff und verformen ihn. Das heißt: **Stauchen**.

Dann bildet sich von beiden Schneiden aus ein Riss. Das heißt: **Scheren**.

Zuletzt bricht das Werkstück auf ganzer Breite durch, wenn beide Risse tief genug sind. Das heißt: **Trennen**.

Ein gutes Beispiel hierfür ist, wenn Sie mit einer Kneifzange oder mit einem Seitenschneider einen Draht abknipsen. Sie können gut erkennen, dass der Draht vor dem Trennen zusammengedrückt wird. An der Schnittkante ist er breit und platt. Die Bruchkante ist rau.

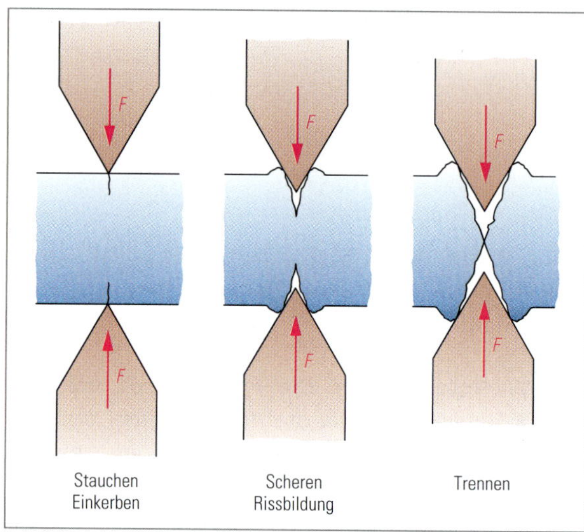

2: Zerteilvorgang beim Beißschneiden

Beim Beißschneiden bewegen sich zwei Schneiden durch den Werkstoff aufeinander zu.

3.2.3 Scherschneiden

Beim **Scherschneiden** bewegen sich anders als beim Beißschneiden zwei Schneiden aneinander vorbei (Bild 3). Beispiele hierfür sind: Blechscheren, Hebelscheren, Tafelscheren und Stanzen.

Zuerst drücken beide Schneiden in den Werkstoff. Sie drücken auch den Werkstoff weg. Auch hierbei entstehen Wülste neben den Schneiden. Das heißt: **Stauchen**.

Dann dringen beide Schneiden weiter in den Werkstoff ein. Dabei verschiebt sich das sogenannte Gefüge vom Werkstoff. Das heißt: **Scheren**.

Zuletzt dringen die Schneiden so weit in den Werkstoff ein, dass der Werkstoff nicht mehr zusam-

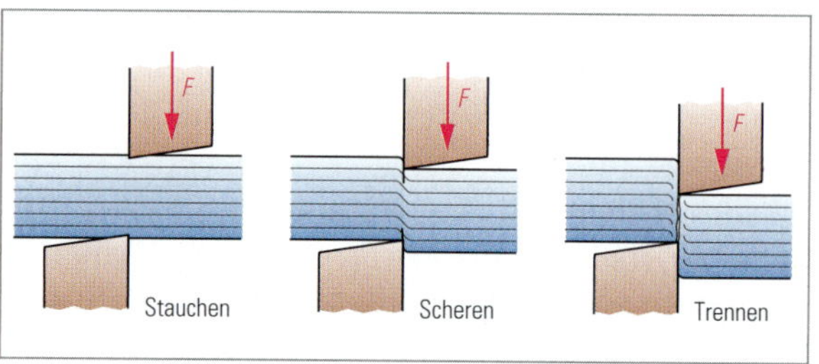

3: Zerteilvorgang beim Scherschneiden

menhalten kann. Das Gefüge ist zu weit verschoben. Der Werkstoff bricht. Das heißt: **Trennen**.
Beim Scheren ist es so, als würden Sie einen winzigen Z-förmigen Knick machen. Diesen „Knick" können Sie gut mit einer „Wurst" aus Knete nachmachen. Dazu halten Sie die „Wurst" mit beiden Händen dicht nebeneinander fest. Und dann bewegen Sie die eine Hand nach oben und die andere nach unten. Dabei verschiebt sich das „Gefüge" von der „Wurst" und es bildet sich ein Z-förmiger Knick.
Den Z-förmigen Knick können Sie manchmal bei Blechen sehen, wenn ein Schnitt nicht gelingt. Wenn eine Hebeltafelschere schlecht eingestellt ist oder wenn das Blech zu dünn ist, klappt das Schneiden nicht. Dann hat das Blech durch das Scheren einen sichtbaren Z-förmigen Knick.

Merke
Beim Scherschneiden bewegen sich zwei Schneiden erst durch den Werkstoff und dann aneinander vorbei.

Das **Scherschneiden** ist das beste Verfahren zum Zerteilen von Blechen. Außerdem können Sie damit dünneres Voll- und Flachmaterial ablängen und Löcher stanzen.

3.2.4 Das Werkstück beim Zerteilen

Beim Zerteilen wirken die Schneiden mit großer Kraft auf das Werkstück ein. Diese Kraft muss größer sein als die Kraft, die den Werkstoff zusammenhält. Dann ist die Kraft so groß, dass der Werkstoff bricht.
Beim Trennen sieht die Schnittkante nicht überall gleich aus (Bild 1).
Ganz oben hat die Schneide den Werkstoff weggedrückt. Da ist die Schnittkante verformt und sieht leicht gewölbt aus. Das ist die Zone, in der der Schneidkeil das Werkstück **staucht**. Hier drückt der Schneidkeil ins Werkstück.

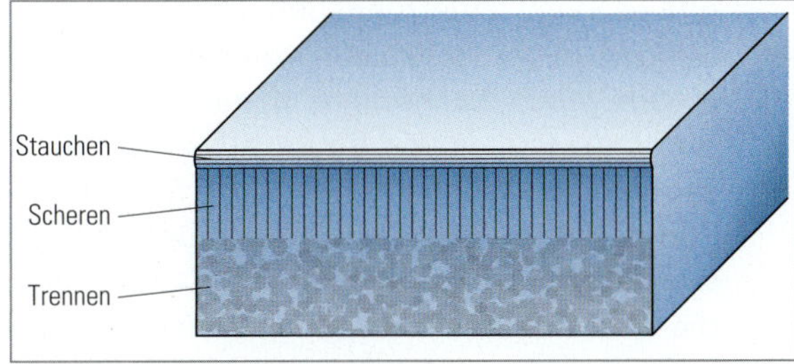

1: Zonen in der Schnittkante

Etwas weiter unten ist die Schnittkante glatt und blank. Manchmal können Sie dort auch senkrechte Rillen sehen. Das ist die Zone, in der der Schneidkeil das Werkstück **schert**. Hier schneidet der Schneidkeil.
Ganz unten ist die Schnittkante rau und vergleichsweise grob. Das ist die Zone, in der der Schneidkeil das Werkstück **trennt**. Hier ist der Schneidkeil so weit im Werkstoff, dass es zum Bruch kommt.

Übungen

1. Erklären Sie die Unterschiede zwischen Beißschneiden, Keilschneiden und Scherschneiden.
2. Nehmen Sie sich ein Blatt Papier, einen Bleistift und ein Geodreieck. Zeichnen Sie zwei Schneidkeile mit **gleichen** Keilwinkeln. Zeichnen Sie die Kraftpfeile für die Schneidkraft und für die Zerteilkraft. Machen Sie ein Kräfteparallelogramm für:
   - eine kleine Schneidkraft.
   - eine große Schneidkraft.
3. Zeichnen Sie zwei Schneidkeile mit **unterschiedlichen** Keilwinkeln. Die Schneidkraft soll bei beiden Keilwinkeln gleich sein. Zeichnen Sie die Kraftpfeile für die Schneidkraft und für die Zerteilkraft.
4. Erklären Sie den Vorgang vom Keilschneiden (drei Schritte).

3.3 Die Werkzeuge

Wie Sie jetzt schon wissen, lassen sich Werkstoffe auf unterschiedliche Weise zerteilen. Sie kennen auch schon Werkzeuge für die unterschiedlichen Verfahren. Hier unterscheiden wir jetzt zwischen Handwerkzeugen und Maschinen.

3.3.1 Handwerkzeuge zum Zerteilen

Es gibt Handwerkzeuge zum Keilschneiden, zum Beißschneiden und zum Scherschneiden. Man kann mit den Handwerkzeugen viele verschiedene Arbeiten machen. Aber es gibt dabei eine natürliche Grenze: die Kraft, mit der Sie arbeiten. Darum lassen sich nicht alle Werkstücke von Hand zerteilen.

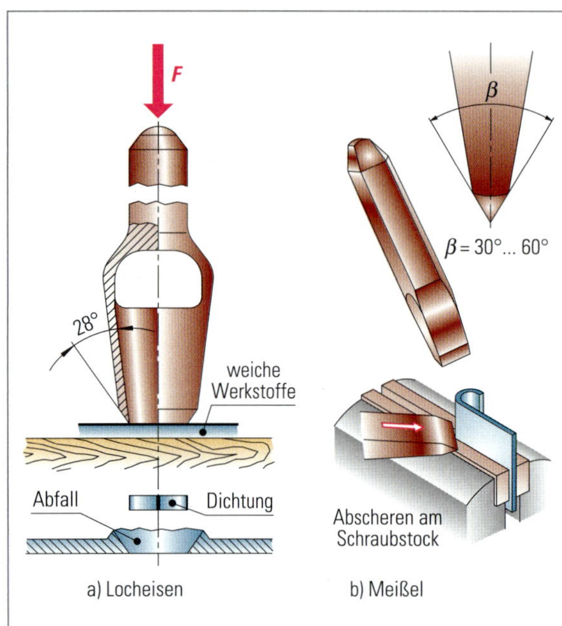

1: Zerteilen mit dem Locheisen und mit dem Meißel

3.3.1.1 Handwerkzeuge zum Keilschneiden

Die einfachsten Werkzeuge zum Keilschneiden sind: der Meißel und das Locheisen.

Mit dem Meißel können Sie zum Beispiel Bleche zerteilen (Bild 1) oder spanend arbeiten. Sie haben in Kapitel 2.2.1 schon viel über Meißel gelernt.

Für das Abscheren ist es wichtig, das Werkstück fest und sicher einzuspannen. Dann verläuft der Schnitt sauber und gerade.

Das Locheisen hat eine kreisförmige Schneide. Damit schneiden Sie runde Teile aus (Bild 1). Das Locheisen eignet sich nur für weiche Werkstoffe. Für die Arbeit brauchen Sie eine feste, stabile Unterlage. (Anreißplatten sind nicht geeignet!)

Für das Keilschneiden gibt es außerdem noch den Rohrschneider. Mit dem Rohrschneider trennen Sie runde Rohre. Dabei dreht sich ein Schneidrädchen um das Rohr herum. Eine Spindel drückt das Schneidrädchen ans Werkstück. Dann verstärken Sie den Druck regelmäßig mit einer Schraube. Dadurch trennen Sie das Rohr ab.

Der Vorteil vom Arbeiten mit dem Rohrschneider ist: Der Schnitt ist gerade und genau rechtwinklig. Es gibt Rohrschneider für verschiedene Werkstoffe. Die Schneidrädchen haben dann jeweils einen passenden Keilwinkel. Rohrschneider eignen sich besonders gut für weichere Werkstoffe wie Aluminium, Kupfer oder Kunststoff.

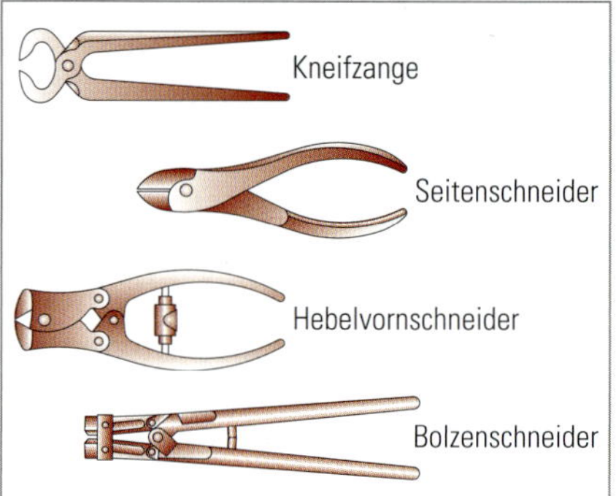

2: Werkzeuge zum Beißschneiden

3.3.1.2 Handwerkzeuge zum Beißschneiden

Handwerkzeuge zum Beißschneiden sind: Seitenschneider, Vornschneider, Kneifzangen und Bolzenschneider (Bild 2).

Mit Handwerkzeugen zerteilen Sie Vollmaterial mit relativ dünnem Querschnitt. Rohre lassen sich damit nicht zertrennen. Denn: Das Werkzeug zerdrückt das Rohr eher als es zu zerschneiden.

3.3.1.3 Handwerkzeuge zum Scherschneiden

Die meisten unterschiedlichen Werkzeuge gibt es für das Scherschneiden. Es gibt: Handscheren, Hebeltafelscheren, Hebelscheren und Rohrausklinker.

Handscheren

Handscheren gibt es für viele Anwendungen (Bild 1, S. 48). Alle haben einen ziemlich große Keilwinkel β. Und sie haben alle kurze, kräftige Schneiden. Aber ihre Schneiden sind unterschiedlich geformt. Diese unterschiedlichen Formen passen jeweils zu den Werkstoffen oder Anwendungen. Zum Beispiel:

- Die **Durchlaufschere** ist gekröpft. Das heißt: Sie ist Z-förmig. Die Griffe sind dadurch immer oberhalb vom Werkstück. Mit einer Durchlaufschere lassen sich lange Schnitte viel einfacher machen. Denn die Hand ist auch immer oberhalb vom Werkstück. Darum gibt es kaum Verletzungsgefahr.
- Mit den kurzen Schneiden von einer **Figurenschere** (auch **Lochschere** genannt) können Sie kleine Radien und Bögen ausschneiden.
- Die **Ideale Schere** hat relativ lange Schneiden. Beim Schnitt biegen sich die beiden Hälften vom Blech nach oben und unten. Darum kann die Hand dazwischenkommen. Verletzungsgefahr!

- **Linke** und **rechte Scheren** sind genau umgekehrt gebaut (Bild 2). Mit der rechten Schere können Sie Rechtskurven schneiden, mit der linken Schere Linkskurven.
- **Hebelübersetzte Scheren** haben ein zusätzliches Gelenk: eine Übersetzungsmechanik. Dadurch brauchen Sie zum Schneiden weniger Kraft.

Es gibt Scheren mit **geraden** und mit **gekrümmten Schneiden**. Der Öffnungswinkel zwischen den gekrümmten Schneiden ist immer ungefähr gleich. Darum können Sie damit leichter schneiden. Das Besondere an der Geometrie vom Schneidkeil ist die sogenannte Druckfläche (Bild 3). Beim Blechschneiden legen Sie das Blech auf der Druckfläche auf. Das Blech liegt dann leicht schräg. Dann können Sie einfacher schneiden. Wenn Sie das Blech genau waagerecht halten, kann es beim Schneiden verkippen. Das kennen Sie vielleicht vom Schneiden von Papier oder Pappe. Wenn die Schere nicht scharf ist oder die Pappe zu dick ist, kippt die Pappe zwischen die beiden Schneiden.
Das kann passieren, weil die Schneiden von Blechscheren ein sogenanntes Spiel haben. Das heißt: **Schneidspiel**. Das Schneidspiel ist ein feiner Spalt zwischen den beiden Schneiden. Es entsteht dadurch:

1. Die Schneiden sind leicht bogenförmig, weil sie einen Hohlschliff (Bild 1) haben.
2. Die Schere ist vorgespannt. Das heißt: Die Schraube drückt sie am Drehpunkt fest zusammen.

Durch das Schneidspiel fahren die Schneiden ganz dicht aneinander vorbei. Sie berühren sich immer nur an einem Punkt. Nämlich genau da, wo sie das Werkstück zerteilen. Ein solcher Schnitt heißt: **ziehender Schnitt**. Wenn die Schere geschlossen ist, berühren sich die Schneiden genau an der Spitze. Die Schrauben und der Hohlschliff halten diesen Spalt zwischen den Schneiden so klein wie möglich. Denn: Ein sehr dünnes Blech kann sonst zwischen die Schneiden verkippen.

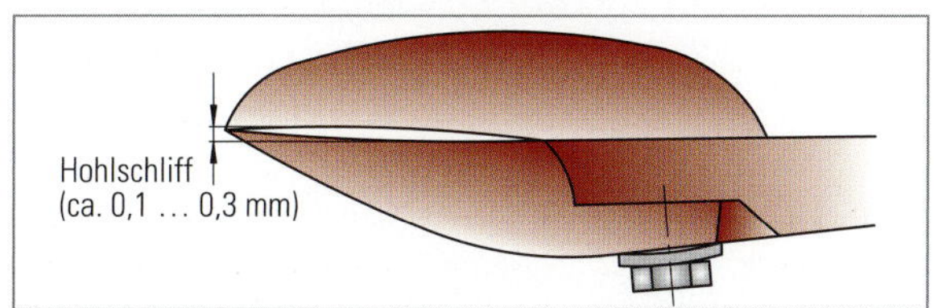

1: Hohlschliff an Handscheren

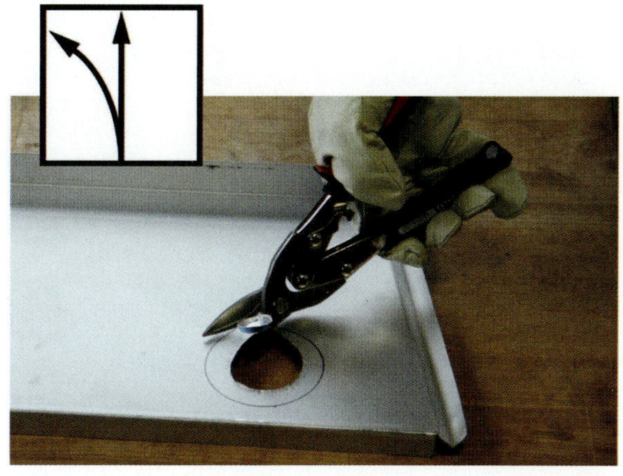

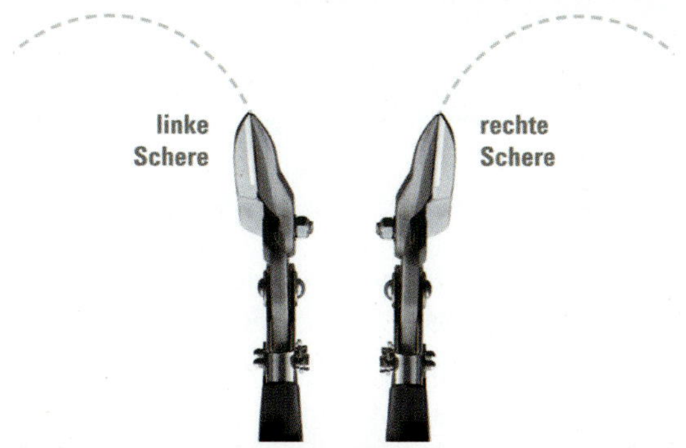

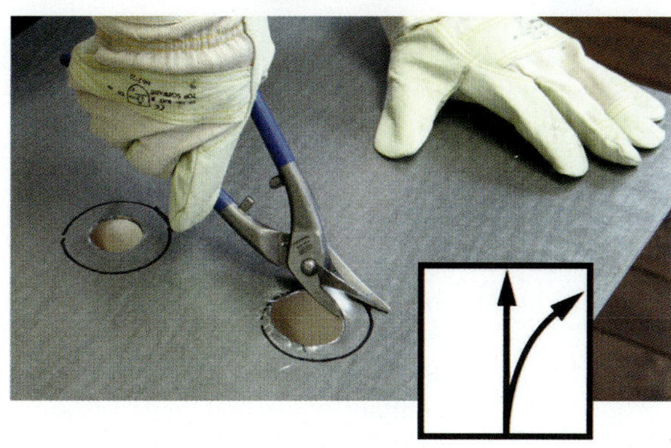

2: Linke und rechte Handscheren

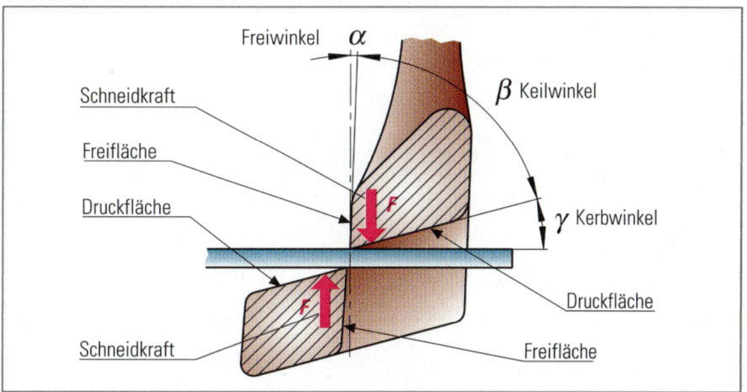

3: Winkel und Kräfte bei der Handhebelschere

Fertigungsverfahren z. B.	Abschneiden	Ausschneiden	Beschneiden	Einschneiden	Kreisschneiden	Lochschneiden
Zeichnerische Darstellung						
Bedeutung	meist ein langer, gerader Schnitt	zwei aufeinander zulaufende Schnitte	ein oder mehrere Schnitte	ein oder mehrere Schnitte, kein Abfall	Schneiden einer Außenkreisform	Schneiden einer Innenkreisform
Bevorzugte Scherenart	**Durchlaufschere**	**Ideale Schere**	**Gerade Schere**			**Lochschere oder Figurenschere**
Besonderheiten	• Hat relativ lange Schneiden. • Eignet sich für lange, gerade Schnitte. • Sie können damit große Bleche ablängen oder ausklinken. • Beide Hälften vom Blech bleiben gerade und eben.	• Hat relativ lange Schneiden. • Eignet sich für gerade und für bogenförmige Schnitte. • Sie können damit Bleche ausklinken.	• Hat relativ kurze Schneiden. • Ist universell einsetzbar. • Abfallblech verbiegt manchmal stark.			• Hat sehr kurze, schmale Schneiden. • Eignet sich für enge Kurven, Löcher, kleine Radien oder Figuren. • Das Abfallblech verbiegt sehr stark.

1: Scherenarten und ihre Anwendungen

Werkstatthinweis

- Handscheren dürfen nur mit Handkraft arbeiten. Mehr Kraft zerstört die Schere. Sie dürfen die Handgriffe zum Beispiel nicht mit Rohren verlängern. Sie dürfen die Schere auch nicht in den Schraubstock einspannen.

Hebeltafelscheren

Mit Hebeltafelscheren (Bild 1) zerteilen Sie Bleche mit langen, geraden Schnitten. Sie eignen sich für Feinbleche. Zum Beispiel:

- Stahlbleche bis 1 mm Dicke
- Aluminiumbleche bis 2 mm Dicke

Viele Hebeltafelscheren haben eine Auflage für die Blechtafel. Das ist der Maschinentisch. Der Tisch von Hebeltafelscheren hat einen Anschlag. Der ist genau im rechten Winkel zum Messer. So können Sie rechtwinklige Bleche zuschneiden. Seitlich haben sie eine lange Schneide an einem Hebel. Den Hebel bewegen Sie mit der Hand rauf und runter. Diese Schneide ist das **Obermesser**.

An der feststehenden Kante vom Tisch ist das **Untermesser**. Das Obermesser bewegt sich dicht am Untermesser vorbei. Mit dieser Bewegung trennen die Schneiden das Werkstück. Das heißt: Man zerteilt es in einem **Hub**. Die Schneide vom Obermesser ist leicht gekrümmt. Dadurch schneidet es immer nur an einer einzigen Stelle. Das heißt: **ziehender Schnitt**. Das Schneiden geht dadurch leichter.

Zwischen den beiden Messern ist ein Schneidspalt. Das ist wichtig, denn: Das Blech bricht zwar beim Schneiden auf ganzer Länge ab. Aber der Bruch ist nicht genau senkrecht. Der Schneidspalt verhindert auch, dass die zwei Schneiden aufeinanderschlagen. Durch den Schneidspalt wird die Qualität von der Schnittfläche besser. Der Spalt ist aber nicht immer gleich breit. Die Breite hängt davon ab, wie dick das Werkstück ist.

Parallel zu der Kante, wo das Obermesser vorbeigeht, ist der sogenannte **Niederhalter**. Er hält das Blech platt und mit Druck auf dem Maschinentisch fest. Sonst würde das Obermesser das Blech nach unten verkippen und zwischen die Schneiden ziehen.

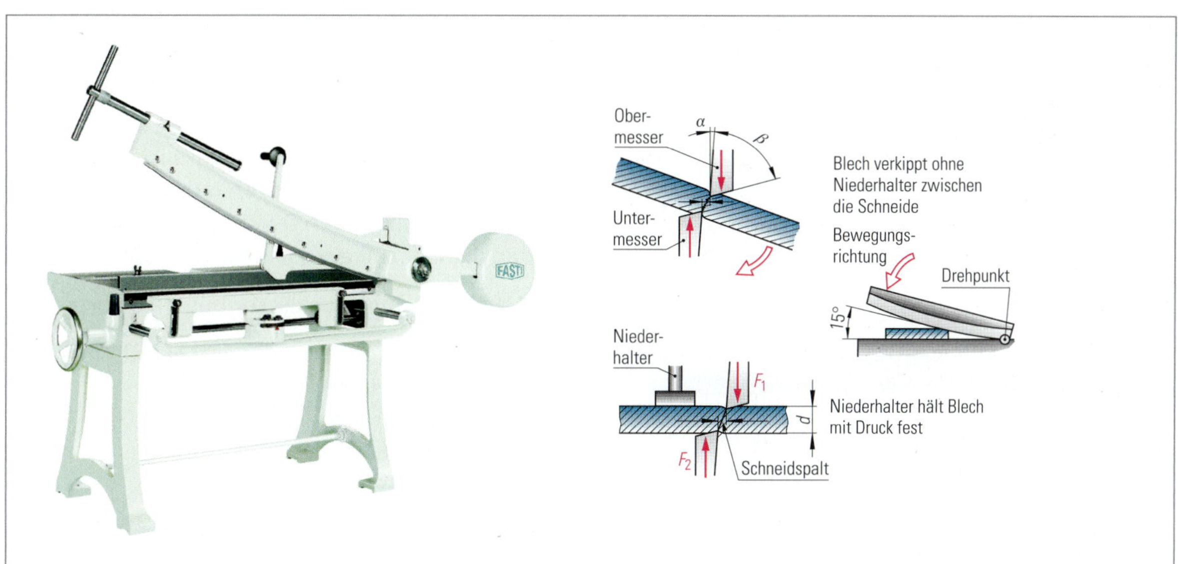

2: Hebeltafelschere

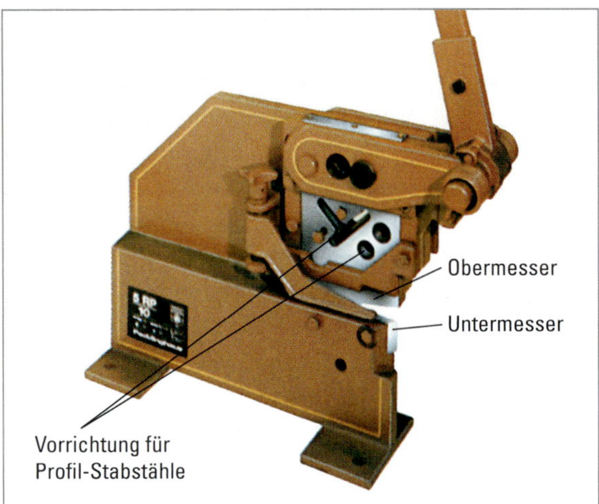

1: Hebelschere mit Vorrichtung für Profilstäbe

2: Rohrausklinker mit fertig ausgeklinktem Rohr

Hebelscheren

Mit einer Hebelschere (Bild 1) können Sie Bleche zuschneiden und ausklinken. Wegen der großen Schneidkraft können Sie aber auch Vollmaterial wie Flachstahl oder Rundstahl ablängen. Hebelscheren haben vergleichsweise kurze Schneiden. Darum ist die Schnittlänge begrenzt. Die Schneide bewegen Sie mit einem langen Hebel. Die Schere überträgt die Kraft einfach nur mit einem Hebel oder mit einem Zahnrad auf die Schneide.

Damit entstehen ziemlich große Schneidkräfte. Sie können bis zu 10 mm dickes Material schneiden.

Manche Hebelscheren haben eine extra Schneide für das Zerteilen von Profilstählen. Das sind zwei Löcher, wo Sie den Profilstahl durchstecken. Wenn Sie dann den Hebel senken, verschieben sich die Löcher gegeneinander. Das heißt: Der Profilstahl wird **abgeschert**.

Werkstatthinweise

- Benutzen Sie nie eine Hebelschere ohne Niederhalter. Das Werkstück verkippt sonst. Sie können sich dabei verletzen oder das Werkzeug beschädigen.
- Sichern Sie den Hebel von der Hebelschere so, dass er nicht herunterfallen kann.
- Überlasten Sie die Hebelschere nicht. Nicht jede Hebelschere eignet sich für jede Materialdicke.

Rohrausklinker

Mit einem Rohrausklinker (Bild 2) bearbeiten Sie das Ende von einem Rundrohr.

Der Rohrausklinker hat innen mehrere Obermesser. An der Seite hat er einen Hebel, der die Obermesser nach unten bewegt.

Auf der Vorderseite hat er runde Löcher mit dem Durchmesser von üblichen Rundrohren. Sie stecken das Rohr mit dem Ende dort hinein und ziehen den Hebel runter. Dadurch bewegen sich die Obermesser runter. Sie scheren ein bogenförmiges Stück vom Rohrende ab. Dann drehen Sie das Rohr um 180°. Also so, dass die ausgeklinkte Stelle genau oben ist. Und Sie klinken ein zweites Mal aus. Das Rohrende passt dann genau an ein anderes Rohr mit demselben Durchmesser. Es gibt auch Rohrausklinker mit einem Elektromotor.

Die Arbeit mit dem Ausklinker hat viele **Vorteile**:

- Es ist viel genauer, als „frei Hand" mit dem Winkelschleifer auszuklinken.
- Es geht sehr schnell.
- Es ist leise.

Übungen

1. Überlegen Sie: Warum verschleißt eine Schneide mit einem kleinen Keilwinkel schneller?
2. Welches Werkzeug zum Zerteilen wählen Sie für die folgenden Arbeiten? Sie möchten:
   - ein langes Blech der Länge nach halbieren
   - zwanzig quadratische Blechteile von 100 mm Kantenlänge herstellen
   - Ecken von Blechplatten ausklinken
   - Löcher von 100 mm Durchmesser in eine Blechtafel schneiden
   - die Ecken von 100 mm langen Flacheisen abschneiden
3. Warum gibt es an Hebelscheren und Hebeltafelscheren einen Niederhalter?
4. Warum können Sie mit einer Blechschere keinen Draht schneiden? Und warum können Sie mit einer Kneifzange kein Blech schneiden?
5. Was ist der Vorteil von einem gebogenen Obermesser bei der Hebeltafelschere?
6. Überlegen Sie: Welche „Werkzeuge" kommen in Ihrem Alltag vor, mit denen Sie etwas zerteilen können?

3.3.2 Elektrische Werkzeuge zum Zerteilen

Es gibt verschiedene elektrische Maschinen zum Zerteilen. Die wichtigsten sind: Tafelscheren, Stanzen und Nibbler.
Mit allen drei Maschinenarten können Sie ganz unterschiedliche Arbeiten machen. Alle drei sind Maschinen für die Blechbearbeitung.

Tafelscheren

Tafelscheren heißen oft auch „Schlagscheren". Sie machen lange, gerade Schnitte. Sie arbeiten so ähnlich wie Hebeltafelscheren (s. S. 49). Aber sie haben einen Elektromotor oder eine Hydraulik. Denn damit lassen sich größere und dickere Bleche schneiden.

Tafelscheren zerteilen Bleche in einem Hub. Das kennen Sie schon von der Hebeltafelschere. Tafelscheren eignen sich für verschiedene Blechdicken. Im Metallbau sind es normalerweise 0,5 bis 20 mm. Die stärksten Tafelscheren schneiden sogar 200 mm dicke „Bleche".
Es gibt Tafelscheren in ganz unterschiedlichen Längen. Im normalen Metallbau sind sie zwei oder drei Meter lang. Aber es gibt auch Tafelscheren mit 15 m Länge.
Tafelscheren haben auf der ganzen Länge einen Maschinentisch. Darauf liegt das Blech. An der hinteren Kante ist das Untermesser. Wie bei einer Hebeltafelschere bewegt sich das Obermesser daran vorbei. Es gibt zwei verschiedene Funktionsweisen von Tafelscheren:

- Die beiden Messer sind **parallel**. Die Maschine zerteilt das Werkstück mit einem schlagartigen Schnitt. Daher kommt der Name Schlagschere. Der Schnitt heißt: **trennender Schnitt**. Beide Blechteile bleiben dabei gerade.
- Die beiden Messer sind **nicht parallel**. Das Obermesser ist leicht schräg. Die Maschine zerteilt das Werkstück mit einem fortlaufenden Schnitt. Sie schneidet also immer nur an einem Punkt. Dieser Schnitt heißt: **ziehender Schnitt**. Manche abgeschnittenen Blechteile verformen sich dabei.

Zwischen den beiden Messern ist wie bei der Hebeltafelschere ein Schneidspalt. Denn auch bei der elektrischen Tafelschere ist der Bruch beim Schnitt nicht genau senkrecht. Sie können das sehr gut an dickeren Blechen sehen: Der Schnitt ist nicht rechtwinklig zum Blech. Auch hier ist die Breite vom Schneidspalt davon abhängig, wie dick das Werkstück ist.
Bei elektrischen Tafelscheren ist der Niederhalter besonders wichtig. Denn die Maschine arbeitet mit sehr hoher Kraft. Die Maschine presst den Niederhalter hydraulisch an. Manche Tafelscheren haben einen rechtwinkligen Anschlag oder eine Skala. Bei manchen ist ein Draht parallel zum Messer gespannt. Der Draht wirft genau an der Schnittlinie einen Schatten. So können Sie auch die Schnitte ganz genau machen, die Sie vorher auf dem Blech angerissen haben. Zum Beispiel wenn die Schnitte nicht rechtwinklig sind.

Werkstatthinweise

- Tafelscheren eignen sich nur für Bleche. Sie schneiden damit kein Vollmaterial (zum Beispiel Rundstahl).
- Lassen Sie sich die Tafelschere unbedingt erklären und zeigen, bevor Sie daran arbeiten.
- Stützen Sie große Bleche vor dem Schneiden ab. Zum Beispiel mit einem Rollbock. Sonst können sie nach dem Schneiden vom Maschinentisch kippen.
- Vor den Schneiden ist meistens ein Lochblech angebracht. Durch dieses können Sie durchsehen. Aber Sie können nicht mit den Händen in den Schneidbereich greifen.
- Manche Tafelscheren sind mit Lichtschranken gesichert. Oder Sie müssen mit beiden Händen gleichzeitig auf zwei Knöpfe drücken, damit die Maschine schneidet. Das heißt: Zweihandschaltung.
- Beim Zerteilen von Blechen entstehen Grate. Tragen Sie Handschuhe und entgraten Sie die Blech direkt nach dem Zerteilen.

Nibbler

Mit einem Nibbler (Bild 1) können Sie aus Blechen auch bogenförmige Figuren ausschneiden oder „um die Ecke" schneiden. Das heißt: Sie können damit jede beliebige Form ausschneiden.
Ein Nibbler hat ein Messer: den **Stempel**. Es gibt Stempel in verschiedenen Formen. Zum Beispiel: rund, rechteckig oder oval. Der Nibbler hat eine kleine Auflage für das Blech. Das ist die **Matrize**. Sie muss von der Form her immer zum Stempel passen.
Der Nibbler arbeitet so (Bild 2): Der Stempel bewegt sich auf und ab. Immer dicht an der Matrize vorbei.
Dabei stanzt der Stempel mit jeder Bewegung ein kleines Stück aus dem Blech heraus. Darum braucht der Nibbler eine Vorschubbewegung. Die Vorschubbewegung machen Sie mit der Hand, wenn Sie mit der Maschine schneiden. Mit dem Vorschub „knabbert" sich der Nibbler durch das Blech. Deswegen heißt er auch „Knabbermaschine".

Nibbler

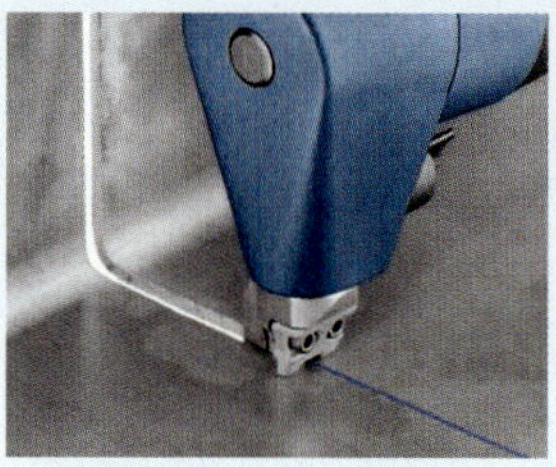

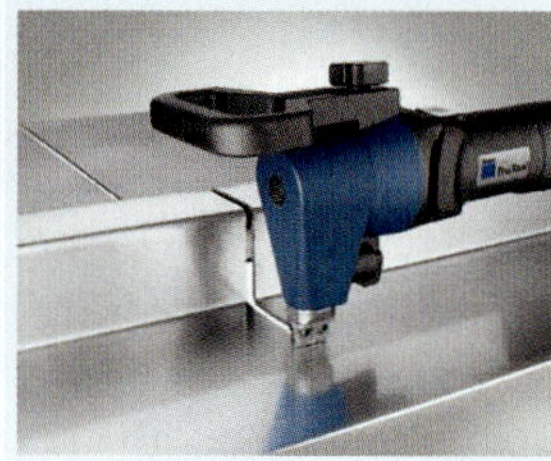

Beschreibung
- Stempel bewegt sich gegen Schneidmatrize und „nagt" sich durch den Werkstoff
- Hubzahl bis 1400 $\frac{1}{\text{min}}$
- Arbeitsgeschwindigkeit ca. 1,3 $\frac{\text{m}}{\text{min}}$

Qualität des Schnittteils

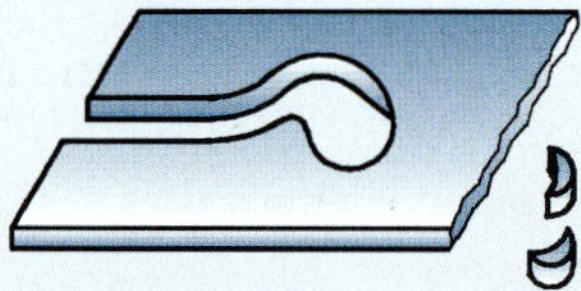

- Blech verdreht, verzieht oder verformt sich nicht
- an der Schnittspur entstehen viele kleine Späne

Anwendung
- auch für kleinste Bögen (alle Figuren herstellbar)
- komplizierte Innen- und Außenformen herstellbar
- für Schnitte an gewölbten oder gekrümmten Blechen
- für verschiedene Blechdicken
- zum Abschneiden von Rohren

1: Nibbler

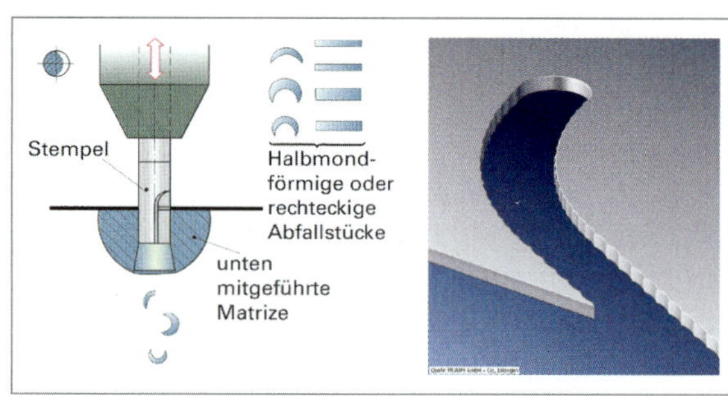

2: Prinzip des Nibblers (links) und eine Werkstückkante (rechts)

Sie setzen den Nibbler am Rand vom Blech oder an einer Bohrung an. Dann fahren Sie mit ihm ins Blech hinein. Die geschnittene Spur ist breiter als von einer Blechschere. Denn er stanzt kleine Blechstücke aus. Trotzdem ist der Nibbler ein Werkzeug zum Zerteilen. Und nicht zum Spanen.

Die **Vorteile** vom Nibbler sind:

- Das Blech verzieht oder verformt sich beim Schneiden nicht.
- Sie können damit auch Wellbleche oder Trapezbleche schneiden.
- Es entstehen keine Funken oder heißen Späne.
- Sie können mit einem Nibbler offen und geschlossen schneiden.

Die **Nachteile** vom Nibbler sind:

- Es gibt Verschnitt durch das Material, das ausgestanzt wird.
- Nibbler sind sehr laut.
- Nibbler „rütteln" bei der Arbeit teilweise stark.

Neben den einfachen elektrischen Nibblern gibt es auch CNC-gesteuerte Maschinen, die zum Beispiel nibbeln und stanzen können. Es gibt Nibbelzangen zum manuellen Nibbeln. Eine Nibbelzange sieht so ähnlich aus wie eine Zange für Blindniete.

Stanzmaschinen

Mit einer Stanzmaschine schneiden Sie mit **geschlossenem Schnitt** eine Form aus einem Blech oder aus einem Flachmaterial (Bild 1). Eine Stanzmaschine arbeitet ähnlich wie ein Nibbler (siehe S. 52).

Mit Stanzmaschinen können Sie zwei unterschiedliche Dinge machen. Sie können entweder Löcher in das Werkstück stanzen. Der durchgestanzte „Rest" ist Abfall. Oder Sie können lauter gleiche Teile aus einem Blech ausstanzen. Dabei läuft ein Blechstreifen durch die Stanze. Der Blechstreifen mit den Löchern ist dann der Abfall.

Die Stanzmaschine hat ein Obermesser: den **Stempel**. Und sie hat ein Untermesser: die **Schneidplatte**. Die Schneidplatte heißt: **Matrize**. Der Stempel ist am beweglichen Maschinenteil befestigt. Er geht beim Stanzen rauf und runter. Die Matrize ist bei einer Stanzmaschine fest mit der Maschine verbunden. Sie bewegt sich beim Stanzvorgang nicht.

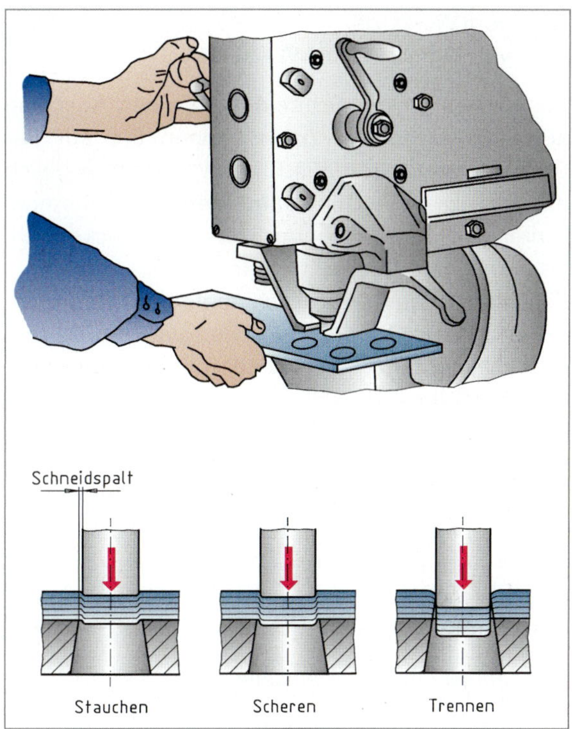

1: Stanze und Stanzvorgang

Merke

Das Obermesser von der Stanze heißt: Stempel.

Das Untermesser von der Stanze heißt: Matrize.

Stempel und Matrize müssen von ihrer Form und Größe her zueinander passen. Wenn Stempel und Matrize nicht passen, können sie kaputt gehen. Im schlimmsten Fall können unpassende Werkzeuge sogar die Maschine beschädigen.

Es gibt Stempel und Matrizen in vielen verschiedenen Formen und Größen. Zum Beispiel:

- rund
- quadratisch
- rechteckig
- als Langloch
- dreieckig
- als Sonderform (zum Beispiel Herz, Schlüsselloch oder Blatt)

Stempel und Matrize müssen ein **Schneidspiel** haben. Das heißt: Zwischen Stempel und Matrize muss ein **Schneidspalt** sein. Der Spalt muss überall gleich breit sein. Wie breit der Spalt sein muss, ist von zwei Dingen abhängig:

- vom Werkstoff
- von der Dicke vom Werkstück

Sie können an der Schneidplatte einen Anschlag auf Maß einrichten. Dann können Sie auf der Schneidplatte automatisch alle Werkstücke gleich anlegen. Die Maschine fährt dann den Stempel runter und drückt ihn durch das Werkstück durch. Das funktioniert genau wie ein Locher.
Es gibt auch an Stanzmaschinen einen Niederhalter. Das Werkstück liegt zwischen der Matrize und dem Niederhalter. Der Niederhalter verhindert, dass der Stempel das Werkstück nach dem Stanzen mit hochzieht. Dabei könnte das Werkstück verkanten und sogar den Stempel beschädigen.
Vor dem Stanzen richten Sie die Maschine ein. Sie montieren den Stempel und die Matrize. Das dauert ein paar Minuten. Darum eignet sich das Stanzen meistens nur, wenn Sie mehrere gleiche Werkstücke bearbeiten.

Das Stanzen hat viele **Vorteile**:

- schnelle Arbeitsweise
- keine Wärmeentwicklung
- relativ wenig Energieverbrauch
- alle gestanzten Löcher sind ganz genau gleich
- eignet sich besonders für Serienfertigung

Werkstatthinweise

- Die Stanzwerkzeuge können Sie eigentlich nur auf eine Weise einbauen. Stempel und Matrize nie mit Gewalt einbauen oder festschrauben.
- Schneidstempel nicht mit dem Hammer ausrichten. Denn: Die Schneiden sind gehärtet. Sie können durch die Hammerschläge brechen.
- Lassen Sie sich die Stanzmaschine genau erklären, bevor Sie daran arbeiten.
- Stanzen haben auch ihre Grenzen. Nicht jede Stanze schafft jede Materialdicke. Fragen Sie vorher nach, wie dick das Material höchstens sein darf. Zu dicke Werkstücke können die Maschine beschädigen.
- Manche Stanzen haben zur Sicherheit eine Zweihandschaltung. Dann müssen Sie mit beiden Händen gleichzeitig auf zwei Knöpfe drücken, damit die Maschine schneidet. So gelangen Ihre Hände nicht in die Nähe vom Stempel.

Übungen

1. Erklären Sie den Unterschied zwischen:
   - einem ziehenden und einem trennenden Schnitt.
   - einem offenen und einem geschlossenen Schnitt.
2. Warum muss beim Zerteilen mit trennendem Schnitt ein Schneidspalt vorhanden sein?
3. Sie sollen mit der Tafelschere 15 gleiche Blechteile herstellen. Die Teile sollen 180 mm lang und 140 mm breit werden. Als Material haben Sie eine Blechtafel. Die Blechtafel ist 2000 mm lang und 1200 mm breit. Sie sollen möglichst wenig Verschnitt haben.
   - Rechnen Sie oder zeichnen Sie, wie Sie die Blechteile von der Blechtafel abschneiden.
   - Beschreiben Sie, wie Sie vorgehen.
   - Begründen Sie ihre Arbeitsweise.
   - Erklären Sie, was Sie sonst noch bei der Arbeit mit Blech und Tafelschere beachten müssen.

4 Thermisches Trennen

Das thermische Trennen ist die dritte Art zum Trennen von Werkstücken. Beim thermischen Trennen arbeiten keine Schneiden. Das Werkstück wird mit Wärme getrennt. Wenn etwas mit Wärme zu tun hat, heißt das: **thermisch**.
Es gibt verschiedene thermische Trennverfahren. Das sind die drei wichtigsten Verfahren: Im handwerklichen Metallbau kommt das **Brennschneiden** am häufigsten vor. Außerdem gibt es noch das **Plasmaschneiden** und das **Laserschneiden**.
Das Brennschneiden und das Plasmaschneiden geht von Hand oder mit automatischen Anlagen. Für Laserschneiden gibt es nur automatische Anlagen.

4.1 Brennschneiden

Mit Brennschneiden können Sie Stähle, Stahlguss und einige legierte Stähle trennen. Aluminium und Kupfer können Sie damit nicht trennen.
Sie können einfach feststellen, welche Werkstoffe Sie brennschneiden können. Denn das geht nur unter dieser Bedingung: Die Schmelztemperatur vom Werkstoff muss höher sein als seine Zündtemperatur. Bei der Zündtemperatur fängt der Werkstoff an zu brennen.
Die Zündtemperatur von Eisenwerkstoffen hängt vom Kohlenstoffgehalt ab. Oder wie viel sie von anderen Metallen enthalten. Zum Beispiel in einer Legierung.
Für das Brennschneiden brauchen Sie bestimmte Werkzeuge (Bild 1).

Merke
Die Zündtemperatur vom Werkstoff muss niedriger sein als der Schmelzpunkt.

Beispiele

- Stahl mit 0,1 % Kohlenstoff schmilzt bei etwa 1500 °C. Aber er brennt schon bei etwa 1200 °C. Darum können Sie Stahl brennschneiden.
- Gusseisen mit über 2 % Kohlenstoff schmilzt bei ungefähr 1200 °C. Aber es brennt erst bei über 1300 °C. Darum können Sie Gusseisen nicht brennschneiden.

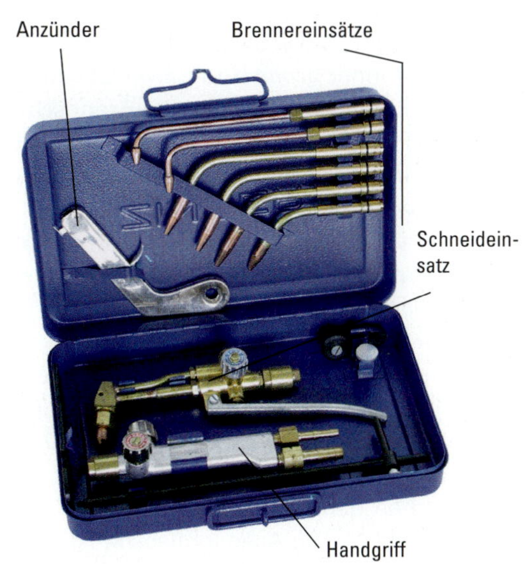

1: Werkzeuge zum Brennschneiden

Beim Brennschneiden arbeitet man mit einer Gasflamme. Die Flamme ist mehrere tausend Grad Celsius warm. Sie verbrennt das Metall zu Schlacke. Das Gas kommt mit hohem Druck aus der Düse. Der Gasdruck schleudert die flüssige Schlacke aus dem Trennspalt.
Es gibt Schneidbrenner zum Brennschneiden mit der Hand (Bild 1, S. 57). Und es gibt Brennschneidanlagen zum automatisierten Brennschneiden.

Merke
Der Vorgang heißt: Brennschneiden.
Das Werkzeug heißt: Schneidbrenner.

Beim manuellen Brennschneiden sind die Gasschläuche von der Acetylenflasche und der Sauerstoffflasche am Handgriff vom Schneidbrenner festgeschraubt. Im Kopf vom Handgriff mischen sich die Gase. Vorne am Handgriff ist die Düse angeschraubt. Es gibt verschiedene Düsen für unterschiedliche Werkstoffe und für unterschiedliche Werkstückdicken.
Aus der Düse strömt das Gasgemisch für die Flamme aus. Am Handgriff sind zwei Ventile. Eines für Acetylen und eines für Sauerstoff. Mit diesen Ventilen stellen Sie die Flamme ein.
Der Handgriff hat noch einen zusätzlichen Hebel. Mit diesem Hebel geben Sie der Flamme noch extra Sauerstoff. Der heißt: **Schneidsauerstoff**. Den braucht die Flamme zum Trennen.

Exkurs: Umgang mit Gasen

Der Schneidbrenner arbeitet mit zwei Gasen. Das ist bei Werkzeugen für das manuelle Brennschneiden genauso wie bei Brennschneidanlagen. Die Gase sind: reiner **Sauerstoff** und **Brenngas**. Brenngas ist meistens **Acetylen**.

Früher sind viele Unfälle mit Gasbrennern und Gasflaschen passiert. Leider passiert das heute auch noch. Darum kommen hier als erstes ein paar Hinweise für die Arbeit mit Gasen.

Die Gase sind in Gasflaschen aus Stahl. Die Flaschen haben Aufkleber. Darauf steht, was drinnen ist. Darauf stehen auch Gefahrenhinweise für das jeweilige Gas.

Die Gasflaschen haben für jedes Gas eine besondere Farbe (Bild 1). Die Acetylenflasche ist immer **kastanienbraun**. Und sie hat immer einen roten Gasschlauch. Die Sauerstoffflasche ist immer **unten blau und ganz oben weiß**. Und sie hat immer einen blauen Gasschlauch. Die Farben regelt eine **Norm**. Das verhindert das Verwechseln von den Flaschen.

Merke

Acetylen = kastanienbraune Flasche mit rotem Schlauch

Sauerstoff = blaue Flasche mit blauem Schlauch

Die Gasflaschen stehen unter sehr hohem Druck. Die Acetylenflasche hat 19 bar Druck. Die Sauerstoffflasche hat 200 bis 300 bar Druck. Darum müssen sie sicher stehen und festgebunden sein. Sie dürfen nicht umfallen. Wenn eine Gasflasche mit Brenngas umfällt und das Ventil abreißt, kann das hochexplosiv wie eine Bombe wirken. Außerdem dürfen Sie Acetylenflaschen nie hinlegen. Sie dürfen die Flaschen nur stehend verwenden.

Oben auf der Flasche ist das Ventil. Damit öffnen und schließen Sie die Flasche. Sie schrauben das Ventil wie einen Wasserhahn auf und zu.

Am Ventil ist der Anschluss für den Gasschlauch. Die Anschlüsse von Acetylen und Sauerstoff sind unterschiedlich: Den Schlauch für die Acetylenflasche schrauben Sie mit einem Spannbügel fest. Und die Sauerstoffflasche hat eine normale Überwurfmutter.

Zwischen der Gasflasche und dem Schlauch ist ein sogenannter **Druckminderer** (Bild 2). Der ist notwendig, denn: Der Druck in den Flaschen ist zu groß, um damit zu arbeiten. Der Druckminderer regelt, mit wie viel Druck das Gas in den Schlauch fließt.

Diesen Druck sehen Sie an den beiden Anzeigen über dem Druckminderer. Die Anzeigen heißen: **Manometer**. Die linke Anzeige zeigt, wie viel Druck in der Flasche ist. Das ist das **Inhaltsmanometer**. Damit können Sie ausrechnen, wie viel Liter Gas noch in der Flasche sind. Die rechte Anzeige zeigt den Druck, den der Druckminderer zum Schlauch hin durchlässt. Das ist das **Arbeitsmanometer**. Den Druck zum Schlauch hin können Sie am Druckminderer einstellen.

Dann kommt der Schlauch. Bei der Acetylenflasche ist er rot. Und bei der Sauerstoffflasche blau. Das können Sie sich gut merken: Der Sauerstoff in der blauen Flasche bekommt den blauen Schlauch. Am anderen Ende vom Schlauch ist der Schneidbrenner.

1: Flaschen für Acetylen und Sauerstoff mit passenden Schläuchen

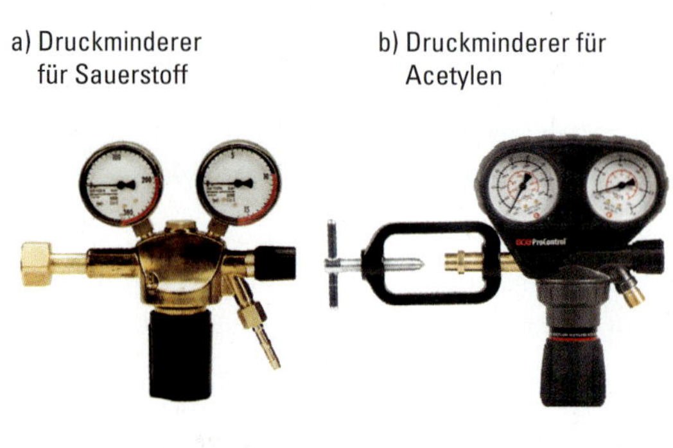

2: Druckminderer für Sauerstoff und Acetylen

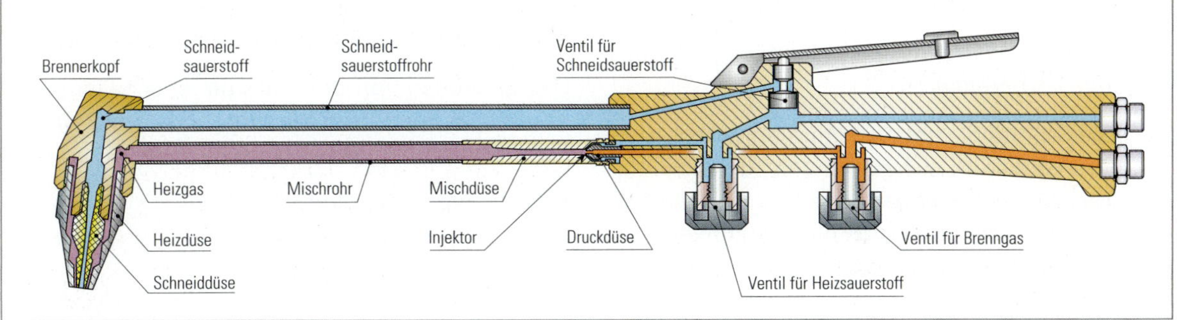

1: Schneidbrenner

2: CNC-gesteuerte Brennschneidanlage

4.1.1 Brennschneidanlage

Das automatisierte Brennschneiden geschieht mit einer Brennschneidanlage.
Eine Brennschneidanlage ist **stationär**. Sie können sie also nicht wie den Hand-Schneidbrenner überall in der Werkstatt benutzen. Sie hat einen Maschinentisch, eine Steuerung und eine Halterung und Führung für den Brenner.
Mit einer Brennschneidanlage können Sie zum Beispiel mehrere Werkstücke gleichzeitig ausschneiden. Dafür braucht die Brennschneidanlage mehrere Brenner. Sie kann auch mehrmals dieselbe Form ganz genau gleich ausschneiden. Dafür gibt es **CNC-gesteuerte Brennschneidanlagen** (Bild 2). Oder sogenannte **fotoelektrische Steuerungen**. Dabei „liest" ein Lichtstrahl die Linien auf einer Zeichnung. Und der Brenner folgt den Lesebewegungen.

Werkstatthinweise

- Wenn Sie eine Gasflasche benutzen, drehen Sie das Ventil um eine Umdrehung auf. Das reicht. Wenn Sie die Gasflasche nicht mehr brauchen, schließen Sie das Ventil wieder.
- Wenn Sie eine Gasflasche wechseln: Transportieren Sie Gasflaschen IMMER mit aufgeschraubter Schutzkappe. Schließen Sie den Schlauch NIE mit Gewalt an der Flasche an.
- Auch wenn die Ventile mal schwer gehen oder klemmen: Gehen Sie NIE mit Öl oder Fett an eine Gasflasche.
- Lassen Sie das restliche Gas aus den Schläuchen strömen, nachdem Sie die Gasflaschen geschlossen haben. Öffnen Sie dazu kurz die Schläuche am Handstück.

Übungen

1. Nennen Sie fünf Maßnahmen gegen Unfälle mit Gasflaschen.
2. Nennen Sie alle Teile von einer Brennschneidanlage und ihre Funktion.
3. Welche Aufgabe hat der Schneidsauerstoff?

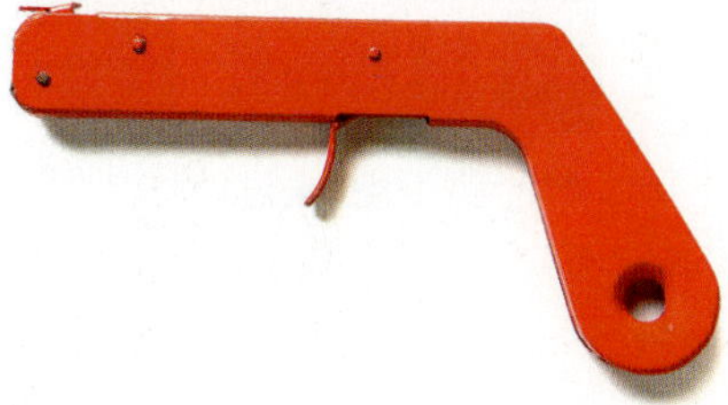

3: Gasanzünder

4.1.2 Das manuelle Brennscheiden

Vorm manuellen Brennschneiden müssen Sie das Folgende vorbereiten:

- Die Schnittlinie am Werkstück anreißen.
- Das Werkstück sicher ablegen (die Schnittlinie soll nicht über den Arbeitstisch verlaufen; große Abschnitte dürfen nicht abstürzen).
- Brennbare Sachen entfernen.
- Schützen Sie sich mit einer Lederschürze und mit Lederstulpen für die Schuhe. Tragen Sie nur Schuhe oder Stiefel aus Leder, nicht aus synthetischen Materialien.
- Den Gasschlauch auslegen (keine Stolperfallen bilden und genug Schlauch „in Reserve" haben, wenn Sie große Werkstücke trennen).
- Die Gasflaschen öffnen.
- Handschuhe anziehen und Schweißbrille bereitlegen, weil es sehr heiß wird und die Flamme sehr hell ist. Die Brille ziehen Sie an, wenn Sie mit dem Trennen anfangen.

Dann zünden Sie den Schneidbrenner an. Das machen Sie mit einem **Gasanzünder** (Bild 3, S. 57). Dann ist die Hand weit genug von der Flamme entfernt.

Die Reihenfolge für das Anzünden ist so:

1. Am Handstück das Ventil für den Sauerstoff öffnen.
2. Am Handstück das Ventil für das Brenngas öffnen.
3. Das Gasgemisch anzünden.
4. Die Flamme einstellen.

Zum Abstellen müssen Sie zuerst das Brenngas ausdrehen und dann den Sauerstoff ausdrehen.

Das Einstellen von der Flamme ist schwierig. Sie müssen es üben. Und Sie müssen wissen, wie die Flamme richtig aussieht (Bild 2).

Es ist zu wenig Sauerstoff, wenn

- die Flamme orange ist,
- die Flamme brodelt oder flackert,
- Ruß aus der Düse kommt.

Es ist zu viel Sauerstoff, wenn

- die Düse pfeift,
- die Flamme sehr kurz und blau ist.

Das Brennschneiden funktioniert so (Bild 1):

- Zuerst müssen Sie mit dem Schneidbrenner das Werkstück vorwärmen. Sie wärmen die Stelle, wo der Schnitt beginnt. Das ist zum Beispiel die Außenkante von einem Blech. Diese Stelle heißt: **Anschnitt**.

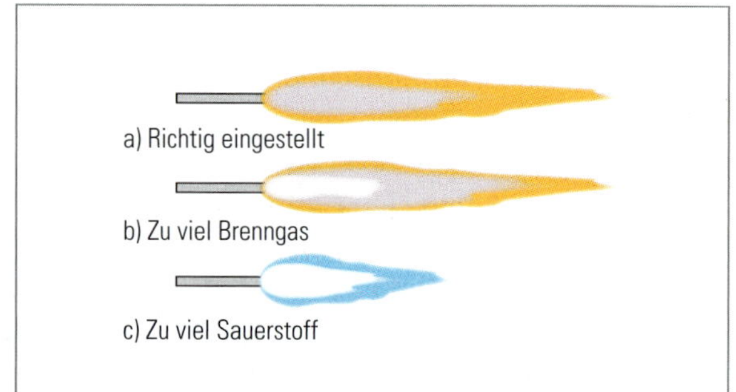

2: Flammen-Einstellungen

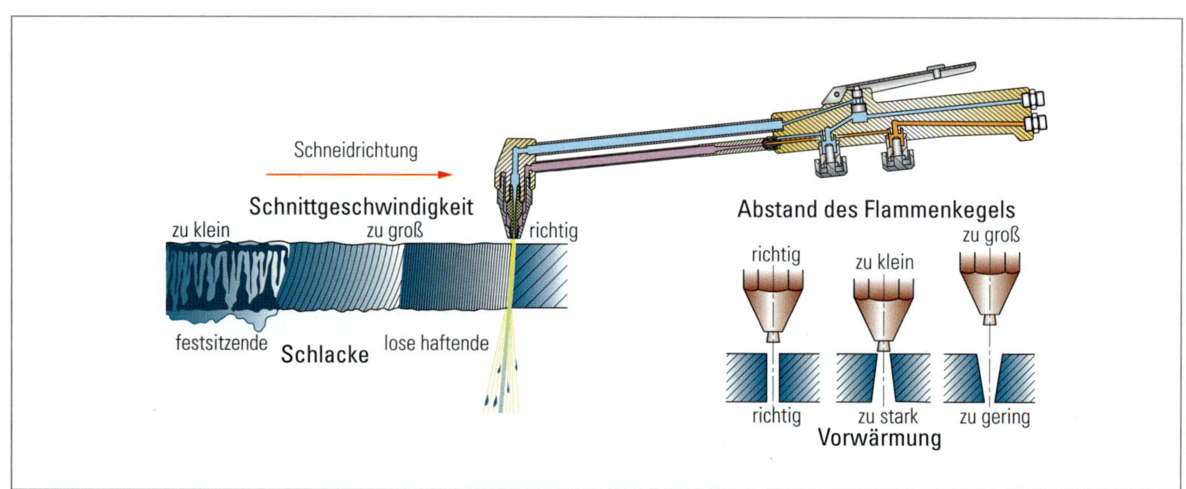

1: Manuelles Brennschneiden mit den richtigen Geschwindigkeiten und Abständen

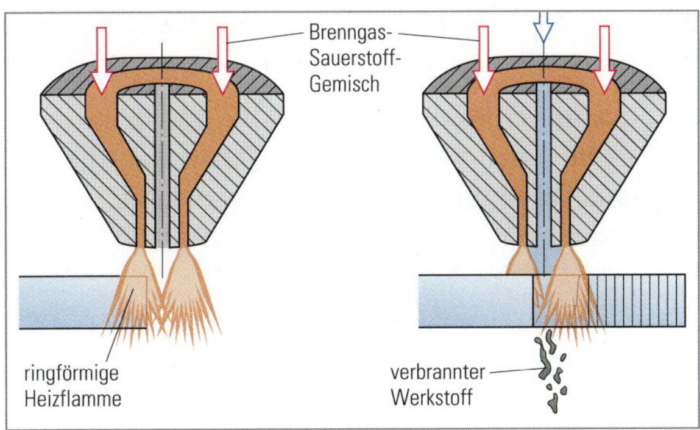

1: Vorwärmen und Schneiden

- Sie erwärmen das Werkstück bis zur **Zündtemperatur**. Das ist immer bei mehr als 1100 °C. Sie erkennen, wenn das Metall warm genug ist. Dann glüht es nämlich hellrot.
- Wenn das Metall warm genug ist, geben Sie mit dem Hebel am Handstück den Schneidsauerstoff dazu.
- Jetzt starten Sie den Trennvorgang.
- Beim Trennen verbrennt der Werkstoff zu Schlacke. Funken entstehen. Der Gasdruck bläst die flüssige Schlacke nach unten weg.
- Dann bewegen Sie den Brenner weiter über das Werkstück. Durch diese Bewegung entsteht der Schneidspalt. Der Vorgang wiederholt sich dabei immer wieder: Die Düse wärmt das Werkstück vor und verbrennt es dann.
- Beim Brennschneiden ist der Abstand zwischen dem Brenner und dem Blech 3 bis 7 mm breit. Das ist abhängig davon, welche Düse Sie benutzen.

Für eine gute **Schnittfuge** müssen Sie auf mehrere Dinge achten. Die Schnittfuge ist gut, wenn:

- wenig Schlacke auf der Unterseite hängen bleibt
- die Schnittfuge schön glatt und eben ist
- die Schnittfuge rechtwinklig ist
- keine Aushöhlungen an der Schnittfuge entstehen

Die Qualität von der Schnittfuge (Bild 1, S. 58) können Sie beeinflussen durch:

- gleichmäßige und richtige Schnittgeschwindigkeit
- gleichmäßigen und richtigen Abstand zwischen Düse und Werkstück
- richtige Düse für die Dicke vom Werkstück

2: Führungswagen

3: Zirkeleinrichtung

- richtige Einstellung von der Brennerflamme
- richtige Einstellung vom Gasdruck

Sie können auch die **Schnittlinie** beim manuellen Brennschneiden verbessern. Für gerade Linien benutzen Sie einen **Führungswagen** (Bild 2) und zwingen einen Anschlag am Werkstück fest. Der Führungswagen fährt am Anschlag entlang und hält den Brenner immer im gleichen Abstand zum Werkstück. So wird die Schnittlinie genau gerade.

Für größere Radien können Sie eine Zirkeleinrichtung (Bild 3, S. 59) benutzen. Daran machen Sie den Schneidbrenner fest. Durch die Zirkeleinrichtung fährt der Brenner von selbst im Kreis. Immer mit der gleichen Geschwindigkeit und mit dem gleichen Abstand zum Werkstück.
Sie können mit dem Schneidbrenner fast alle beliebigen Formen und Figuren ausschneiden. Außerdem eignet er sich nicht nur für Bleche, sondern auch zum Beispiel für Rohre, Doppel-T-Träger oder andere Profilstähle.

Die **Vorteile** vom Brennschneiden sind:

- relativ leicht zu bedienen
- Werkzeuge und Zubehör einfach und günstig
- schnelles Arbeiten
- besonders für dicke Werkstücke einfacher und schneller als das Spanen

Die **Nachteile** vom Brennschneiden sind:

- Wärmeeinwirkung kann das Werkstück verziehen
- erhöhte Brandgefahr
- wegen leichtsinnigem Umgang mit Gasflaschen immer wieder Unfälle

Werkstatthinweise

- Sie dürfen erst ab 18 Jahren mit einem Schneidbrenner allein arbeiten. Wenn Sie unter 18 sind, dürfen Sie nur unter Aufsicht mit einem Schneidbrenner arbeiten.
- Lassen Sie sich den Umgang mit der Gasanlage und den Brennern unbedingt zeigen. Halten Sie sich beim Arbeiten an diese Erklärungen.
- Besonders beim manuellen Brennschneiden entstehen sehr viele Funken und glühende Schlacke. Die Funken und die Schlacke fliegen und springen teilweise meterweit. Darum dürfen Sie nie in der Nähe von brennbaren Stoffen brennschneiden. Auch nicht in der Nähe von anderen Werkstücken, die Sie mit den Funken oder mit der heißen Schlacke beschädigen könnten.
- Achten Sie darauf, feuerfeste Kleidung ohne Löcher zu tragen. Die heiße Schlacke brennt sich sofort in die Haut.

Übungen

1. Erklären Sie, auf welche Weise und in welcher Reihenfolge Sie einen Schneidbrenner anzünden. Was müssen Sie sonst noch dabei beachten?
2. Erklären Sie den Vorgang vom Brennschneiden.
3. Worauf müssen Sie achten, damit die Schnittfuge beim Brennschneiden eine gute Qualität hat?
4. Warum können Sie nicht alle Eisenwerkstoffe aus Stahl oder Eisen brennschneiden?

4.2 Plasmaschneiden

Das Plasmaschneiden ist ein Verfahren zum thermischen Trennen. Es heißt auch: **Plasma-Schmelzschneiden**. Beim Plasmaschneiden können Sie viele verschiedene Materialien trennen, nämlich: **alle schmelzbaren Werkstoffe**. Also nicht nur Metalle, sondern sogar Beton oder Keramik. Mit Plasmaschneiden trennen Sie Metalle, die Sie nicht brennschneiden können.
Ein Plasmaschneider schmilzt oder verdampft den Werkstoff. Er arbeitet mit sehr hohen Temperaturen. Das können bis zu 30 000 °C sein.
Damit lassen sich Bleche bis 30 mm Dicke oder Beton bis 250 mm Dicke schneiden.

4.2.1 Die Plasma-Schneidanlage

Die Plasma-Schneidanlage besteht aus:

- Stromquelle
- Speicher für das Plasmagas
- Plasma-Schneidbrenner mit einer wassergekühlten Düse aus Kupfer
- Steuerung
- Kühlung

Die Plasma-Schneidanlage arbeitet mit sogenanntem Plasmagas. Das Plasma ist in diesem Fall ein Gas, das elektrisch leitfähig ist. Es entsteht durch einen starken Stromfluss. Dafür gibt es verschiedene Gase. Es ist abhängig vom Werkstoff, welches Gas Sie nehmen müssen. Es sind zum Beispiel: Argon, Wasserstoff oder Stickstoff. Die Plasma-

Schneidanlage macht aus dem Plasmagas einen **Plasmastrahl**. Der Plasmastrahl muss so stark sein, dass er den Werkstoff schmilzt.

4.2.2 Das Plasmaschneiden

Beim Plasmaschneiden bildet das Plasmagas einen energiereichen **Lichtbogen**. Den Lichtbogen kennen Sie vielleicht vom elektrischen Schweißen. Er entsteht beim Schweißen mit einer Elektrode und mit Schutzgas. Der Lichtbogen ist beim Trennen von Metallen zwischen der Elektrode und dem Werkstück.

Die Elektrode besteht oft aus Wolfram. Wolfram hat eine sehr hohe Schmelztemperatur. Eine Elektrode aus Wolfram haben Sie vielleicht schon mal beim WIG-Schweißgerät gesehen.

Der Lichtbogen hat so viel Energie, dass er den Werkstoff schmilzt. Der flüssige Werkstoff wird dabei mit hohem Druck aus der Schnittfuge geschleudert. Das ist genau wie beim Brennschneiden.

Es gibt vollautomatische Plasma-Schneidanlagen (Bild 1) und Maschinen für manuelles Plasmaschneiden (Bild 2).

Das Plasmaschneiden hat **Vorteile** gegenüber dem Brennschneiden:

- weniger Wärmeeinwirkung
- Werkstück verzieht sich weniger
- für alle Metalle und andere Werkstoffe geeignet
- schmalere Schnittfuge und weniger Schlacke
- hohe Schnittgeschwindigkeiten

Es gibt aber auch **Nachteile**:

- sehr hoher Energieverbrauch
- leicht schräge Schnittfuge
- nicht für dickes Material geeignet
- sehr hohe Anschaffungskosten
- sehr laut
- starke Rauchentwicklung mit schädlichen Gasen, das sind zum Beispiel: Stickoxide und Metalldämpfe
- ultraviolette Strahlung (UV-Strahlung)

Wasser-Plasmaschneiden

Es gibt Plasma-Schneidanlagen, die unter Wasser arbeiten (Bild 1, S. 62). Entweder ist nur das Werkstück unter Wasser. Oder das Werkstück und der Brenner.

Das hat viele **Vorteile**:

- Die Anlage arbeitet leiser.
- Die UV-Strahlung ist schwächer.
- Schädliche Gase lösen sich im Wasser.
- Es gibt weniger Wärmeeinfluss.
- Schlacke erstarrt im Wasser und sinkt auf den Boden vom Wasserbecken.

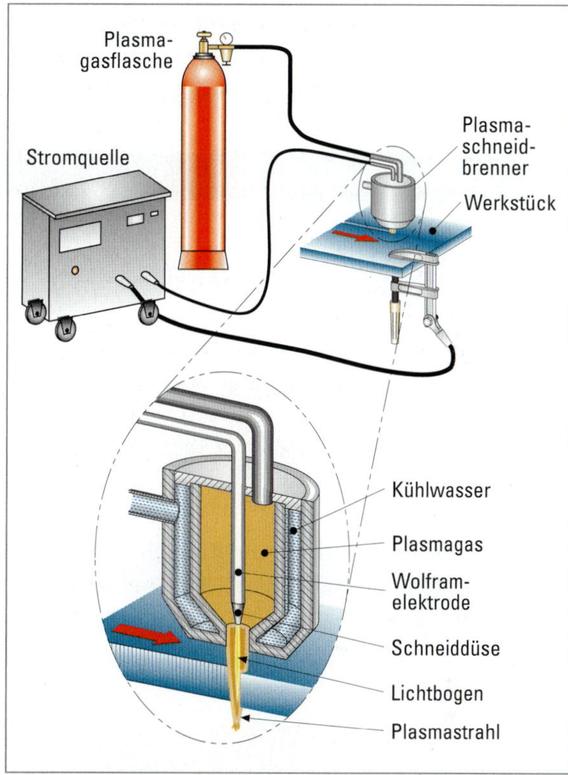

1: Plasma-Schneidanlage

2: Plasmaschneiden von Hand

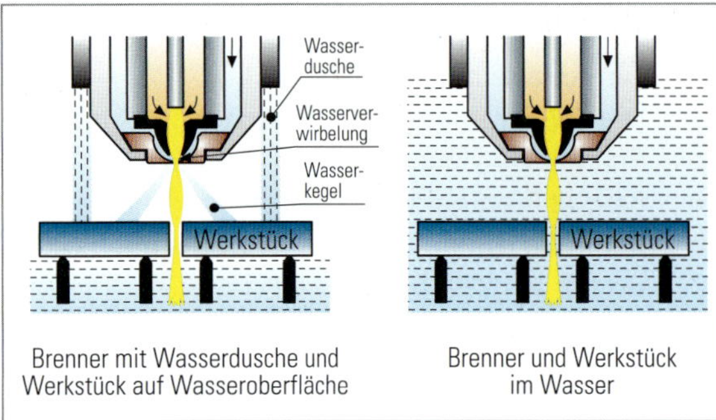

Brenner mit Wasserdusche und Werkstück auf Wasseroberfläche

Brenner und Werkstück im Wasser

1: Plasmaschneiden in oder unter Wasser

Werkstatthinweise

- An Plasma-Schneidanlagen entsteht UV-Strahlung. Schauen Sie nicht ohne dunkle Schutzbrille in den Lichtbogen.
- Metalldämpfe sind teilweise hochgiftig. Arbeiten Sie nie ohne Absaugung.
- Plasma-Schneidanlagen arbeiten mit sehr hohen Spannungen. Halten Sie sich möglichst fern, wenn die Anlage läuft.
- Wenn Sie etwas am Brenner austauschen oder ihn warten, müssen Sie den Stecker von der Anlage ziehen.

Übungen

1. Vergleichen Sie Brennschneiden und Plasmaschneiden und nennen Sie die Vorteile vom Plasmaschneiden.
2. Vergleichen Sie Brennschneiden und Plasmaschneiden und nennen Sie die Nachteile vom Plasmaschneiden.

4.3 Laserschneiden

Ein Laser ist ein gebündelter Lichtstrahl. Durch die Bündelung hat dieser Lichtstrahl mehr Energie als normales Licht. Es gibt für Laser sehr viele Anwendungen. Sie kennen Laser zum Beispiel von Laserdruckern oder sogenannten Laserpointern. Mit einem Laser von einer Schneidanlage kann man Bleche und andere dünne Werkstücke trennen. Der Laserpointer hat natürlich nicht so viel Energie wie ein Laser zum Trennen.

4.3.1 Die Laser-Schneidanlage

Laserschneiden können Sie nur mit einer stationären Anlage. Manuelles Laserschneiden ist wegen der vielen Gefahren nicht möglich (siehe S. 63: Nachteile vom Laserschneiden).

Eine Laser-Schneidanlage (Bild 1, S. 63) ist sehr komplex. Sie besteht aus diesen Teilen:

- Das **Lasergerät** bildet den Laserstrahl und sendet ihn aus.
- Der Laserstrahl geht durch eine **Strahlführung**. Wenn er um die Ecke gehen muss, geht das mit einem **Umlenkspiegel**.
- Der Laserstrahl kommt am **Schneidkopf** an.
- Eine **Fokussierlinse** bündelt den Laserstrahl noch zusätzlich.
- Der Schneidkopf ist das Herzstück von der Anlage. Von da aus trifft der Laserstrahl zusammen mit dem **Schneidgas** auf das Werkstück.
- Der Schneidkopf ist an einem **Querträger** befestigt. Der Querträger bewegt den Schneidkopf über das Werkstück. Er kann den Schneidkopf nach vorne und hinten, rechts und links, oben und unten fahren.
- Unter dem Schneidkopf liegt das Werkstück auf einer speziellen **Auflageleiste**.
- Darunter ist die **Absaugkammer**. Dort sammeln sich die schädlichen oder giftigen Gase.
- Die Gase kommen dann in eine **Absauganlage** mit **Filter**.
- Um die Anlage herum ist eine **Schutzkabine** gegen die Strahlung.
- Etwas entfernt vom Schneidvorgang ist die **Steuerung**.

4.3.2 Das Laserschneiden

Beim Laserschneiden (Bild 1, S. 64) ist der Laserstrahl die „Brennerflamme". Zum Laserschneiden braucht man Schneidgas. Es gibt unterschiedliche Schneidgase für unterschiedliche Werkstoffe. Der Laserstrahl schmilzt oder verdampft den Werkstoff. Und das Gas bläst die flüssige Schlacke oder die Schmelze aus der Schnittfuge aus.

Laserschneiden eignet sich besonders für:

- dünnere Bleche
- feine Konturen
- Schnitte ohne Nachbearbeitung von den Schnittkanten
- schnelle Herstellung von vielen gleichen Werkstücken

Die **Vorteile** vom Laserschneiden sind:

- sehr wenig Wärmeeinfluss, weshalb sich das Material nur wenig verzieht
- sehr schmale Schnittfuge
- kann alle Formen und Figuren schneiden
- glatte und saubere Schnittkante
- sehr hohe Genauigkeit
- sehr hohe Maßhaltigkeit
- sehr schnelles Arbeiten
- fast alle Materialien schneidbar
- kein Werkzeugwechsel nötig, wenn Sie andere Formen schneiden wollen

Die **Nachteile** vom Laserschneiden sind:

- sehr hohe Anschaffungskosten
- teilweise sehr hoher Energieverbrauch
- Entstehung von schädlichen und teilweise sogar hochgiftigen Gasen und Metalldämpfen
- Manche Laserstrahlen sind unsichtbar. Sie können großen Schaden anrichten, wenn sie versehentlich in die falsche Richtung gehen oder reflektiert werden.
- Reflektierte Laserstrahlung kann Augen und Haut schädigen.
- Reflektierende Werkstücke lassen sich schlecht trennen, weil sie das Licht spiegeln.

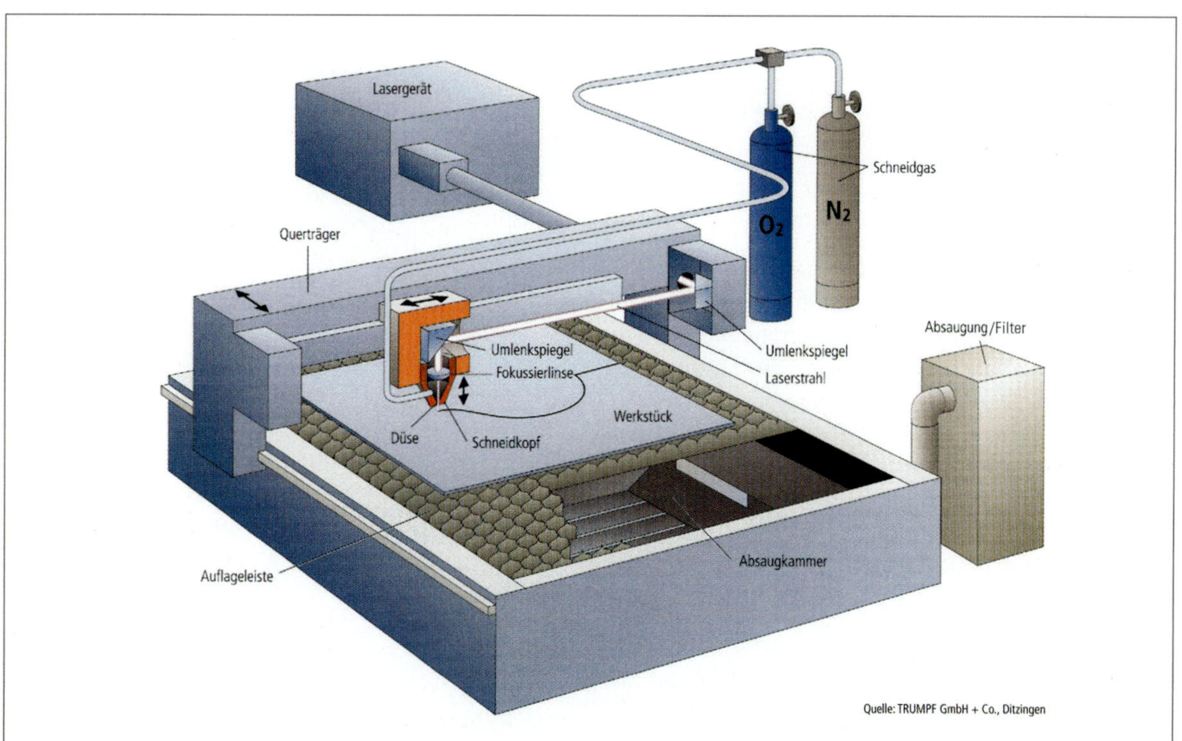

1: Laser-Schneidanlage

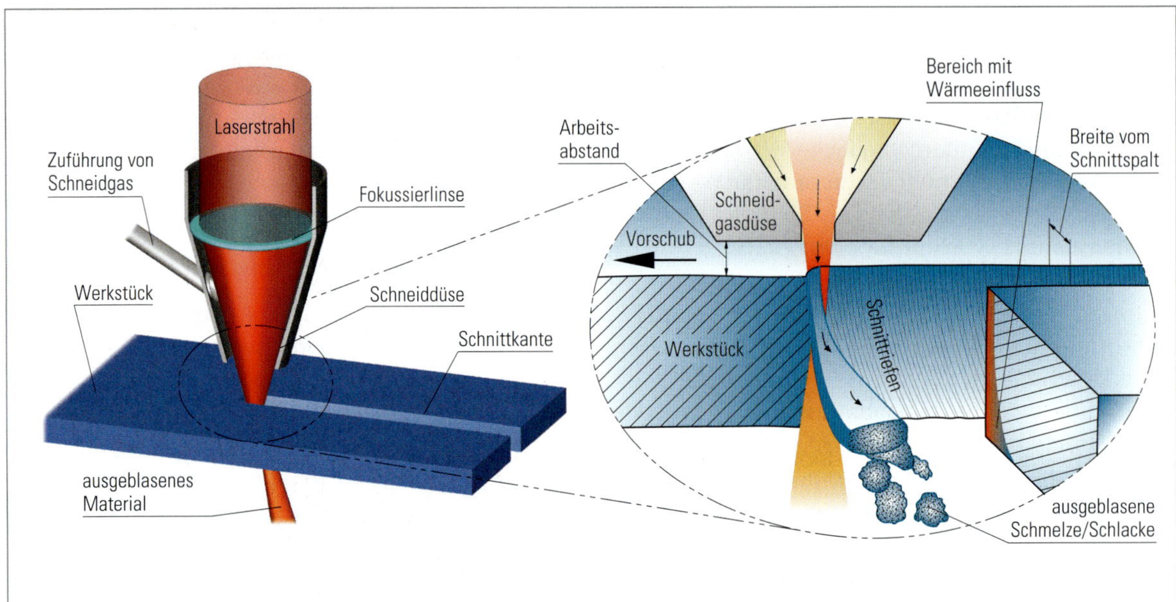

1: Vorgang beim Laserschneiden

Übungen

1. Kennen Sie noch andere Anwendungen für Laser? Welche Funktion hat der Laserstrahl dabei?
2. Nennen Sie die Teile von einer Plasma-Schneidanlage und ihre Funktion.
3. Sie müssen 200 runde Blechscheiben mit 40 mm Durchmesser herstellen. Sie haben genug Material dafür. Außerdem haben Sie eine Stanzmaschine mit passendem Stempel und Matrize und Sie haben eine Laser-Schneidanlage. Mit welcher Maschine machen Sie diese Arbeit? Begründen Sie Ihre Entscheidung.

II Umformen

1 Grundlagen

Im handwerklichen Metallbau und in der Industriemechanik kommen verschiedene Umformtechniken vor (Bild 1). Manche davon kommen eher im Handwerk vor, andere eher in der Industrie. Für jede Art Werkstoff gibt es spezielle Techniken und Werkzeuge.
Wichtige Umformtechniken sind zum Beispiel: Biegen, Walzen und Gesenkschmieden. Im handwerklichen Metallbau ist Biegen die häufigste Technik zum Umformen.
Einige Werkstoffe können Sie gut im kalten Zustand verformen. Das heißt: **Kaltverformen**. Biegen ist ein Beispiel für Kaltverformen. Andere Werkstoffe lassen sich besser im warmen Zustand verformen. Das heißt: **Warmverformen**. Schmieden ist ein Beispiel für Warmverformen.

Beispiele

- Sie sollen ein Vierkanteisen um 180° umbiegen. Also die beiden Enden aufeinander klappen. Dazu müssen Sie das Werkstück warm machen und es warm bearbeiten. Beim Kaltverformen würde die Außenseite vom Material aufreißen. Oder das Werkstück würde sogar ganz zerbrechen.
- Sie sollen eine Kuhle in ein Stück Kupferblech treiben. Dabei arbeiten Sie ohne Wärme. Kaltes Kupferblech lässt sich besser umformen.

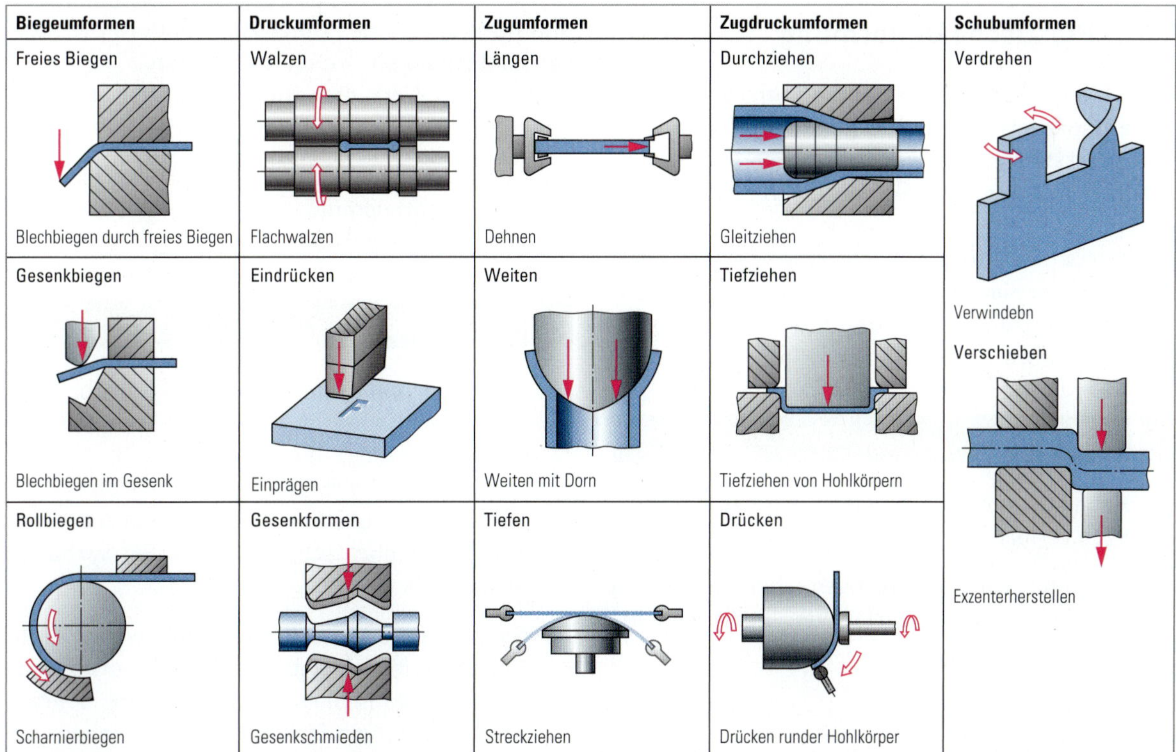

1: Verschiedene Verfahren zum Umformen

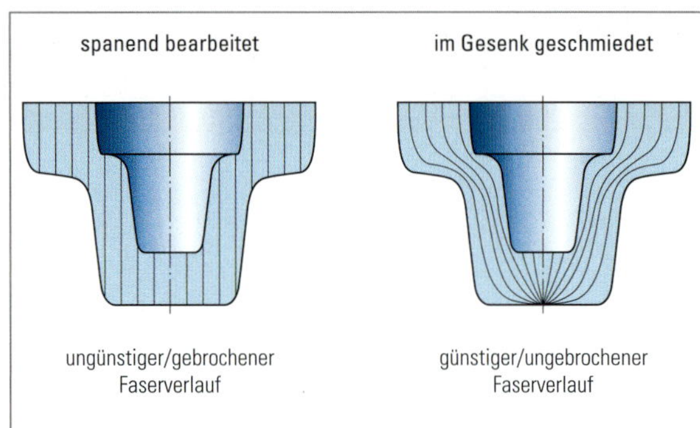

1: Faserverlauf beim Spanen und beim Umformen

Ein großer Vorteil vom Umformen ist: Der Verlauf von den Fasern ist besser als beim Spanen oder Fügen (Bild 1). Das können Sie sich so ähnlich vorstellen wie beim Arbeiten mit Ton. Wenn Sie ein Gebilde aus einem Stück Ton formen, ist es wie „aus einem Guss". Wenn Sie es aber aus mehreren Teilen zusammensetzen, ist es durch die Verbindung nicht so haltbar. Beim Spanen und Fügen ist der Faserverlauf vom Werkstück immer unterbrochen. Beim Umformen unterbrechen Sie den Faserverlauf nicht.

1.1 Plastische Umformung

Beim Umformen ändern Sie die Form vom Werkstück dauerhaft. Das heißt: **plastisch**. Dabei wird vom Werkstück nichts weggenommen (im Gegensatz zum Trennen). Und es wird auch nichts hinzugefügt.
Ein Werkstoff kann nur plastisch umgeformt werden, wenn er **biegsam** ist. So ein Werkstoff ist **duktil**. Nicht biegsame Werkstoffe brechen beim plastischen Umformen. Sie sind **spröde**.

Beispiele

- Baustahl ist elastisch und Sie können ihn plastisch verformen.
- Ein Gummiband ist elastisch, aber Sie können es nicht plastisch verformen. Egal, wie viel Kraft Sie aufbringen.
- Glas ist im festen Zustand fast gar nicht elastisch. Eine große Glasscheibe kann sich nur sehr wenig hin und her bewegen, wenn eine leichte Kraft wirkt. Wenn eine starke Kraft wirkt, zerbricht Glas sofort. Glas ist nicht elastisch und Sie können es nicht plastisch verformen. Glas ist spröde.

Für das dauerhafte Umformen von einem elastischen Werkstück brauchen Sie genug Kraft. Bei zu wenig Kraft bewegt sich das Werkstück nach der Krafteinwirkung wieder zurück. Es ist wieder so, wie es vorher war. Das kennen Sie aus vielen Situationen im Alltag, zum Beispiel von einer Metallfeder.
Erst bei genug Kraft behält das Werkstück die neue Form. Sie müssen beim Umformen den elastischen Zustand überwinden. Nur dann können Sie das Werkstück plastisch verformen. Beim plastischen Verformen ändern sich die Eigenschaften vom Werkstück an der umgeformten Stelle. Das Werkstück wird fester und härter, also spröder. Es behält aber trotzdem seine Elastizität. Das erkennen Sie daran, dass das Werkstück nach dem Biegen noch ein kleines Stück zurückfedert. Sie müssen es deshalb ein wenig überbiegen.
Wie viel ein Werkstück zurückfedert, ist abhängig von:

- dem Werkstoff
- der Materialstärke
- der Umformtechnik

Beispiele

- Wenn Sie ein Bündel Rundstahl hochheben, wippen die Enden von den Stäben rauf und runter. Das passiert durch das Gewicht von den Stäben. Dabei wirkt auch eine Kraft. Das ist die Schwerkraft. Die Schwerkraft kann die Stäbe aber nicht plastisch verbiegen. Sie verhalten sich elastisch.
- Sie biegen ein Stück Draht mit wenig Kraft. Der Draht federt wieder zurück. Er verhält sich elastisch. Dann biegen Sie ihn mit mehr Kraft. Er bleibt so, wie Sie ihn verbogen haben. Die Verformung ist nun plastisch.

Exkurs: Eigenschaften von Metallen

Der Aufbau von Metallen

Metalle haben einen besonderen Aufbau. Sie bestehen aus einem Gitter aus positiv geladenen Metallatomen. Die können Sie sich zur Vereinfachung wie Kugeln vorstellen. Die Metallatome müssten sich wegen ihrer positiven Ladung eigentlich untereinander abstoßen. Zwischen den Metallatomen ist aber das sogenannte Elektronengas. Das besteht aus Elektronen und ist negativ geladen. Insgesamt sind Metalle deshalb elektrisch neutral und stabil. Dieser Aufbau verändert sich bei einer Krafteinwirkung kaum. Die Metallatome werden zwar gegeneinander verschoben, aber die „Nachbarschaft" bleibt insgesamt gleich. Darum sind Metalle beim Formen biegsam.

Die Kristallgitter

Verschiedene Metalle sind unterschiedlich gut verformbar. Das liegt an der Anordnung ihrer Metallatome.

Metalle bilden im festen Zustand ein regelmäßiges **Kristallgitter**. Das Kristallgitter besteht aus vielen regelmäßigen eckigen Formen. So eine regelmäßige eckige Form heißt: **Elementarzelle**. In einer Elementarzelle ordnen sich die Metallatome immer in bestimmten Abständen und Winkeln zueinander an. Insgesamt gibt es drei verschiedene Formen von Elementarzellen. Es gibt zwei verschiedene würfelförmige Formen. Die heißen auch: kubisch. Das Wort kommt aus der Lateinischen Sprache und heißt: würfelförmig. Und es gibt eine sechseckige Form. Die heißt: hexagonal. Das Wort kommt auch aus der Lateinischen Sprache und heißt: sechseckig.

Die drei Elementarzellen bilden drei Formen von Kristallgittern.

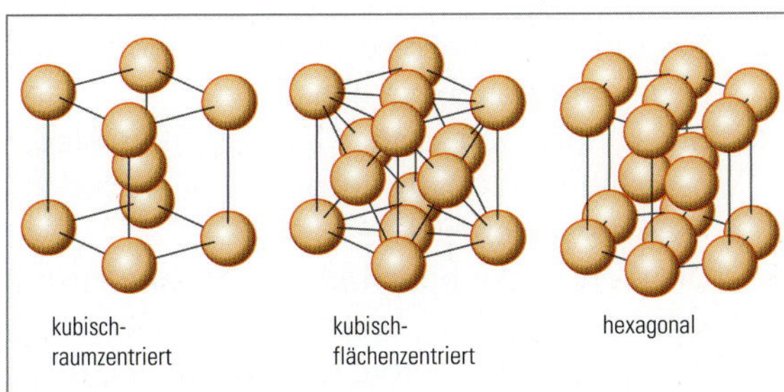

1: Formen von Kristallgittern

- **Kubisch-raumzentriertes Kristallgitter**. Die Elementarzellen vom kubisch-raumzentrierten Kristallgitter sind würfelförmig. Bei jedem Würfel sitzt auf allen acht Eckpunkten ein Metallatom. In der Mitte vom Würfel sitzt noch ein Metallatom (Bild 1). Bei dieser Anordnung ist das Kristallgitter sehr dicht und fest. Die Metallatome lassen sich nur schlecht verschieben oder zerdrücken. Metalle mit so einem Kristallgitter lassen sich schlecht umformen. So ein Kristallgitter haben zum Beispiel: Wolfram, Chrom und Vanadium.
- **Kubisch-flächenzentriertes Kristallgitter**. Die Elementarzellen vom kubisch-flächenzentrierten Kristallgitter sind würfelförmig. Bei jedem Würfel sitzt auf allen acht Eckpunkten ein Metallatom. In der Mitte von jeder Seitenfläche sitzt noch ein Metallatom (Bild 1). Bei dieser Anordnung sind die Metallatome sehr beweglich. Sie lassen sich ganz leicht verschieben. Metalle mit so einem Kristallgitter lassen sich sehr gut umformen. So ein Kristallgitter haben zum Beispiel: Blei, Gold, Aluminium, Kupfer.
- **Hexagonales Kristallgitter**. Das hexagonale Kristallgitter ist wie eine sechseckige Säule. Auf allen zwölf Eckpunkten sitzt ein Metallatom. Die hexagonale Säule hat oben und unten ein Sechseck. In der Mitte von jedem Sechseck sitzt noch ein Metallatom. Außerdem gibt es noch drei Metallatome im Inneren der Säule (Bild 1). Bei dieser Anordnung ist das Kristallgitter sehr dicht und fest. Metalle mit einem hexagonalen Kristallgitter lassen sich nicht umformen. Sie sind spröde. So ein Kristallgitter haben zum Beispiel: Zink, Titan und Magnesium.

Wegen diesem besonderen Aufbau kann man ein paar Metalle besser als andere umformen.

Es gibt auch bei gut verformbaren Werkstoffen Grenzen für das Umformen:

- Sie können ein Stück dünnes Blech nur ein paar Mal biegen. Die Biegestelle wird immer spröder. Am Ende bricht das Blech.
- Sie können bestimmte Werkstoffe nur warm oder kalt verformen.

1: Gefüge von einem weichen Werkstoff

2: Gefüge von einem harten Werkstoff

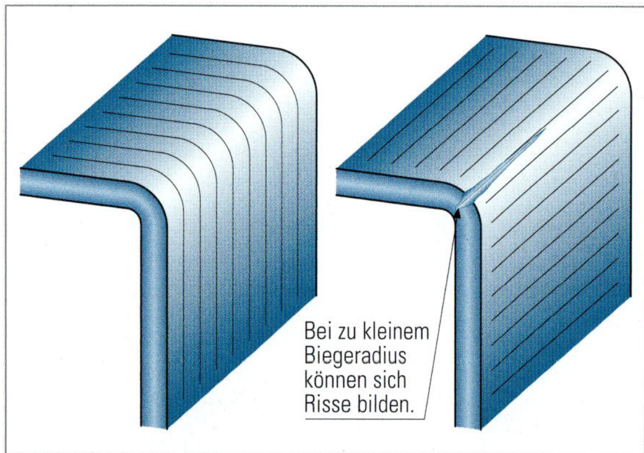

3: Beim Biegen parallel zur Walzrichtung können Risse entstehen.

> **Merke**
>
> Eine elastische Verformung geht von selbst wieder zurück. Das Werkstück sieht danach aus wie vorher.
>
> Eine plastische Verformung können Sie nicht einfach rückgängig machen. Das Werkstück kann dabei kaputt gehen.

1.2 Das Gefüge

Der Aufbau von einem metallischen Werkstoff heißt: **Gefüge**. Das Gefüge entsteht, wenn flüssiges Metall erstarrt. Zum Beispiel wenn ein Stahlwerk Stahlblöcke aus flüssigem Metall macht. Beim Abkühlen bilden sich sogenannte Körner. Ein Korn besteht aus vielen Elementarzellen (s. S. 67, Exkurs Eigenschaften von Metallen). Innerhalb von einem Korn halten die Metallatome sehr stark zusammen. Sie bilden auch hier regelmäßige Formen.

Jedes Korn berührt ein anderes Korn an der Korngrenze. Das ist die Außenseite von einem Korn. An der Bruchkante sehen Sie, wo die Körner aneinandergrenzen. Das Gefüge können Sie unter einem Mikroskop und manchmal auch mit bloßem Auge erkennen. Es unterscheidet sich bei weichen und harten Werkstoffen (Bild 1 und Bild 2).

Das Gefüge vom Werkstoff wird zum Beispiel durch **Walzen** beeinflusst. Walzen ist auch ein Verfahren zum Umformen. Beim Walzen stellen Sie aus einem glühenden Stück Stahl Bleche, Flachstahl und Profilstähle her.

Das passiert in vielen Arbeitsschritten durch Pressen und Walzen in eine Richtung. Diese Richtung heißt: **Walzrichtung**. Beim Walzen „sortieren" sich die Körner in die Walzrichtung. Dadurch ändert sich die Belastbarkeit vom Werkstoff.

Metallische Werkstücke können Sie quer zur Walzrichtung stärker belasten als parallel dazu. Beim Biegen parallel zur Walzrichtung müssen Sie größere Biegeradien nehmen (Bild 3).

Bei Blechen ist die Walzrichtung kaum mehr zu erkennen. Aber bei Flachstählen und Profilen ist sie eindeutig.

2 Biegen

Biegen ist eine häufige Umformtechnik im handwerklichen Metallbau und in der Industriemechanik. Mit Biegen können Sie zum Beispiel Flachstahl, Profilstahl oder Blech umformen. Es gibt Handwerkzeuge und Maschinen für das Biegen.

Vorteile vom Biegen sind:

- Sie haben keinen Verschnitt.
- Sie können viele Formen einfach und teilweise sehr schnell herstellen.
- Sie können mit richtig eingestellten Biegemaschinen in relativ kurzer Zeit viele gleiche Teile herstellen.
- Die Werkstücke haben eine sehr gute Festigkeit.
- Sie können Werkstücke sehr genau und maßhaltig herstellen.
- Sie können komplizierte Formen herstellen.

2.1 Grundlagen

2.1.1 Biegewinkel und Biegeradius

Beim Biegen wird ein Werkstück mit einem bestimmten Winkel aus der Ebene gebogen. Dieser Winkel heißt: **Biegewinkel** (Bild 1). Der maximale Biegewinkel hängt von den Eigenschaften vom Werkstoff, vom Werkzeug und vom Biegeradius ab. ab. Diese Eigenschaften begrenzen seine maximale Größe. Der neue Winkel zwischen den beiden Enden vom Werkstück heißt: **Öffnungswinkel** (Bild 1).

Merke Biegewinkel und Öffnungswinkel dürfen Sie nicht verwechseln.

Nach dem Biegen hat das Werkstück an der Biegestelle einen neuen Radius (auch Halbmesser genannt). Dieser Radius heißt: **Biegeradius** (Bild 1).

Merke Der Biegeradius bezieht sich immer auf die Innenkante vom Werkstück.

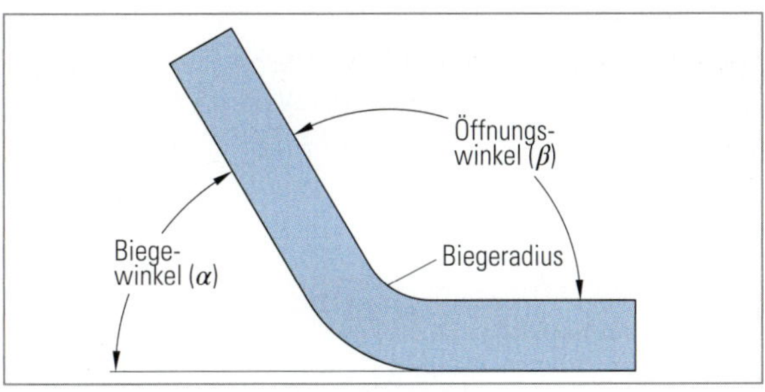

1: Biegewinkel und Biegeradius

Der Biegeradius hängt von der Dicke vom Werkstück ab. Das ist die **Materialstärke**.
Die richtigen Biegeradien für verschiedene Materialstärken und für verschiedene Werkstoffe finden Sie im Tabellenbuch unter dem Stichwort Biegeradius. Der Biegeradius darf nicht zu klein werden. Bei einem zu kleinen Biegeradius bricht das Werkstück. Deshalb gibt es Tabellen mit **Mindestbiegeradien** (Bild 2). Der Mindestbiegeradius ist für eine bestimmte Materialstärke der kleinste Winkel zum Biegen.
Beim Biegen müssen Sie auch auf die Walzrichtung achten (s. S. 68). Beim Biegen quer zur Walzrichtung können Sie einen kleineren Biegeradius nehmen als beim Biegen parallel zur Walzrichtung.

Merke Beim Biegen parallel zur Walzrichtung kann das Werkstück leichter reißen.

2.1.2 Das Werkstück beim Biegen

Beim Biegen ändern sich das Gefüge und die Länge vom Werkstoff (Bild 1, S. 70). An der Außenkante wird das Gefüge gestreckt. Dadurch wird das Maß von der Außenkante länger. An der Innenkante wird das Gefüge gestaucht. Das Maß von der Innenkante wird kürzer. Stellen Sie sich ein Rad vom Auto vor: Außen am Reifenprofil ist der Umfang viel größer als der Umfang vom Gummireifen direkt an der Felge. So können Sie sich das auch vorstellen an einem Werkstück, das Sie mit einem Radius biegen. Nehmen wir als Gegenbeispiel einen Streifen Papier. Den können Sie in der Hälfte

Werkstoff	Blechdicke in mm									
	1	1,5	2,5	3	4	5	6	7	8	10
Stahl bis R_m = 390 N/mm²	1	1,6	2,5	3	5	6	8	10	12	16
Stahl bis R_m = 490 N/mm²	1,2	2	3	4	5	8	10	12	16	20
Stahl bis R_m = 640 N/mm²	1,6	2,5	4	5	6	8	10	12	16	20
Reinalum. (kaltverfestigt)	1	1,6	2,5	4	6					
AlCuMg-Leg. (ausgehärtet)	2,5	4	6	10						
CuZn-Leg. (kaltverfestigt)	1,6	2,5	4	6						
Kupfer (weichgeglüht)	1,6	2,5	4							

2: Mindestbiegeradien von verschiedenen Werkstoffen

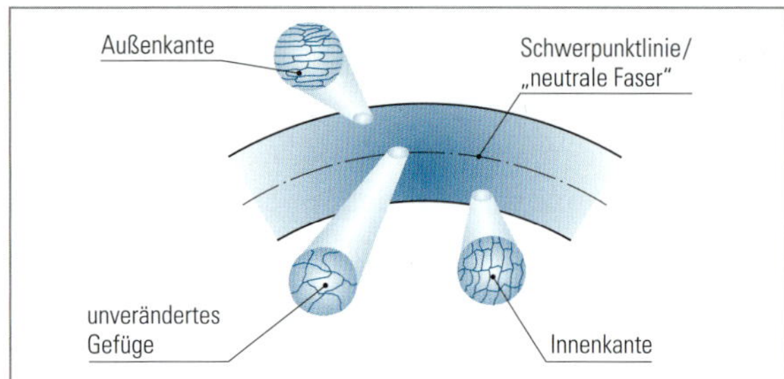

1: Veränderung vom Gefüge beim Biegen

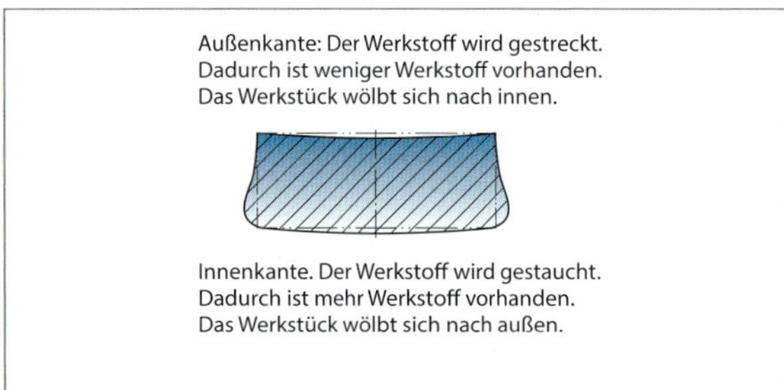

2: Veränderung vom Querschnitt von einem Flacheisen an der Biegestelle

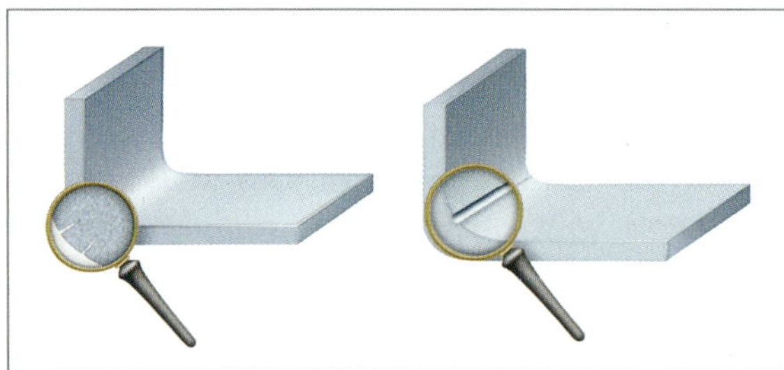

3: Reißen und Quetschen beim Biegen

knicken und beide Hälften sind gleich lang. Das ist so, weil Papier nur eine sehr geringe Materialstärke hat. Sie können es mit einem scharfen Knick „abkanten". Hier ist kein Biegeradius erkennbar. Eine Zeitung mit vielen Bögen Papier können Sie wiederum auch nur mit einem Biegeradius umbiegen. Da ist ein scharfer Knick nicht möglich.

Aber: Zwischen der Innenkante und der Außenkante gibt es eine **neutrale Zone**. Die neutrale Zone heißt: **Schwerpunktlinie** (Bild 1). Das ist die Mittellinie zwischen der Innenkante und der Außenkante. In der neutralen Zone bleibt das Gefüge gleich. Dort ändert sich auch die Länge vom Werkstoff beim Biegen nicht.

Der Werkstoff kann beim Biegen an der Außenkante reißen. Außerdem kann er an der Innenkante gequetscht werden (Bild 2). Das passiert, wenn:

- der Biegeradius klein ist.
- der Biegewinkel groß ist. Das heißt: Es ist ein spitzer Winkel.
- das Werkstück sehr dick ist.
- Sie parallel zur Walzrichtung biegen.

Beim Biegen passiert noch etwas anderes mit dem Werkstück. Es verändert sich nämlich auch an den Seiten. Schauen Sie sich ein abgekantetes Werkstück einmal genau an. Am besten erkennen Sie es an einem Flacheisen. Sie sehen, dass sich der Querschnitt an der Biegung verändert hat. An der Seite „quillt" der Werkstoff über. Und an der Außenkante ist die Fläche etwas nach innen gewölbt. Bild 2 zeigt den Querschnitt von einem Stück Flacheisen an der Biegestelle. Die gestrichelte Linie zeigt den vorherigen Querschnitt.

Merke

Der Querschnitt von einem Werkstück verändert sich durch Strecken und Stauchen.

Das Strecken zieht den Werkstoff auseinander. Er wölbt sich nach innen.

Das Stauchen drückt den Werkstoff zusammen. Er „quillt" nach außen.

Übungen

1. Nennen Sie ein paar Beispiele für:
   - duktile Werkstoffe.
   - spröde Werkstoffe.
2. Mit welchen Umformverfahren haben Sie schon gearbeitet? Haben Sie kalt oder warm umgeformt? Was ist Ihnen dabei aufgefallen?
3. Erklären Sie, wie sich das Gefüge vom Werkstoff beim Biegen verändert.
4. Erklären Sie, wie sich der Querschnitt vom Werkstück beim Biegen verändert.

2.1.3 Berechnen von gestreckten Längen

Beim Biegen soll möglichst wenig Verschnitt entstehen. Deshalb müssen Sie wissen, wie sich die Länge vom Werkstück beim Biegen verändert. Die Länge vom Werkstück vorm Biegen heißt: **gestreckte Länge**. Die Länge nach dem Biegen hat keinen eigenen Namen. Die Maße nach dem Biegen sind meist bekannt. Die gestreckte Länge können Sie ausrechnen. Sie entspricht der Länge der sogenannten Schwerpunktlinie. Die Schwerpunktlinie verläuft in einem Flacheisen, in einem Vierkantstahl oder in einem Rundstahl immer genau in der Mitte auf der **halben Materialstärke**.

Zum besseren Verständnis machen wir einen kurzen Ausflug in die Theorie. Das sind Grundlagen. Dazu arbeiten wir im ganzen Kapitel mit dem gleichen Beispiel.

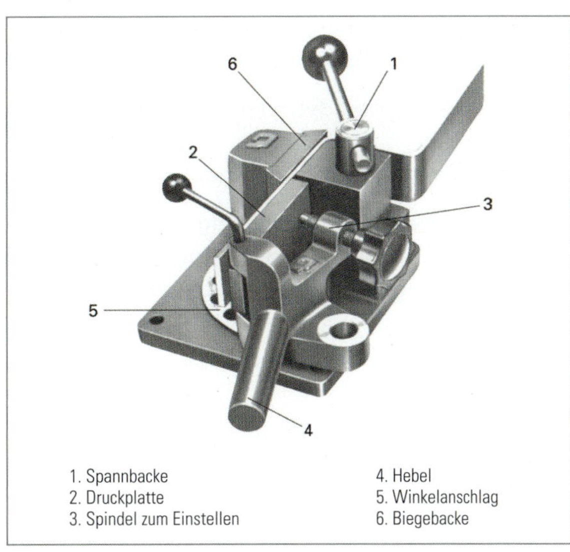

1: Winkelbieger

Beispiel

Sie erhalten von Ihrem Ausbilder oder Ihrer Ausbilderin ein Stück 30 x 8 Flacheisen. Dazu erhalten Sie folgende Informationen:

- Sie sollen das Flacheisen in der Mitte um 90° abwinkeln.
- Nach dem Abwinkeln sollen beide Schenkel 100 mm lang sein.
- Der Biegeradius beträgt 16 mm.

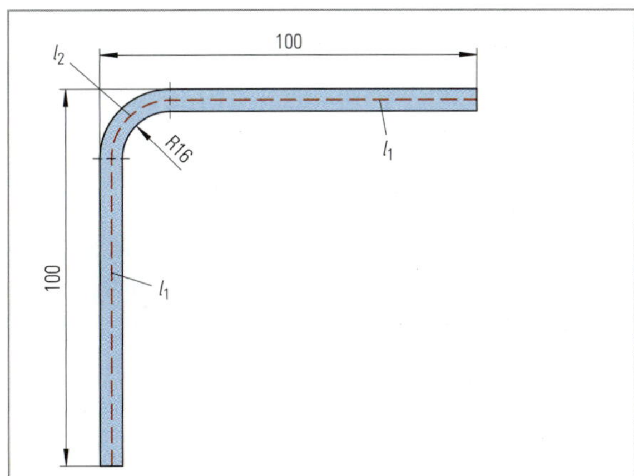

2: Teillängen

Sie sollen das Flacheisen mit einem Winkel von 90° biegen. Zum Biegen vom Flacheisen können Sie einen einfachen **Winkelbieger** (Bild 1) nutzen. Damit können Sie das Flacheisen bis ungefähr 120° abwinkeln.

Den Winkel können Sie mit einer Schmiege oder mit einem Winkelmesser einstellen. Oder Sie können ihn direkt am Winkelbieger ablesen. Am Winkelbieger gibt es auch einen Anschlag. Damit können Sie den Winkelbieger einmal einstellen und viele gleiche Teile biegen.

Nach dem Biegen sollen beide Schenkel genau 100 mm lang sein. Sie müssen die gestreckte Länge vom Flacheisen ausrechnen. Nur dann bekommt das gebogene Teil die richtigen Maße. Dafür müssen Sie die Gesamtlänge L in sogenannte Teillängen zerlegen (Bild 2).

Merke

Zum Berechnen der gestreckten Länge müssen Sie die Gesamtlänge in Teillängen zerlegen. Alle Teillängen zusammengerechnet ergeben die Gesamtlänge.

$L = l_1 + l_2 + l_3 + \ldots$

Für die gestreckte Länge vom 30 x 8 Flacheisen brauchen Sie drei Teillängen:

- die beiden geraden Längen von den Schenkeln (l_1)
- die Länge vom Biegeradius (l_2)

Beide Schenkel sollen gleich lang sein. Sie heißen beide l_1. Sie müssen l_1 zweimal dazurechnen. Die Länge vom Biegeradius heißt l_2. Die Formel ist nun also:

$$L = 2 \cdot l_1 + l_2$$

Jetzt müssen wir zuerst l_1 und l_2 einzeln ausrechnen.
Wir beginnen mit l_1. Das wissen wir von l_1:

- Es ist nur ein Teil von den 100 mm Länge, die jeder Schenkel lang sein soll.
- Von den 100 mm müssen Sie etwas abziehen: den Biegeradius (= 16 mm) und die Materialstärke (= 8 mm).

Wir rechnen l_1 aus:

$$l_1 = 100\text{ mm} - 16\text{ mm} - 8\text{ mm} = 76\text{ mm}$$

Jetzt machen wir mit l_2 weiter. Das ist die Strecke zwischen den zwei Schenkeln. Diese Strecke ist ein Viertelkreis.

Es gibt eine Formel zum Ausrechnen vom Umfang von einem Kreis: $U = d \cdot \pi$.

U ist der Umfang, *d* ist der Durchmesser und π ist die Kreiszahl (ungefähr 3,14). Zum Berechnen von einem Viertelkreis teilen Sie das Ergebnis durch 4 (Bild 1).

Merke

Achtung: Der Radius zeigt immer von der Kreismitte aus auf den Kreisumfang. Der Durchmesser ist also das Doppelte vom Radius!

Das wissen wir von l_2:

- Der Biegeradius ist 16 mm.
- Die Länge von l_2 verläuft genau auf der roten Schwerpunktlinie. Die Schwerpunktlinie nehmen wir auf der Mitte der Materialstärke an, also auf 4 mm
- R ist damit 16 mm + 4 mm = 20 mm.
- Unser *d* ist also 2 · 20 mm = 40 mm.
- Es ist ein Viertelkreis. Darum müssen wir das Ergebnis dann noch durch 4 teilen.

Vollkreis	$U_0 = d \cdot \pi$
Halbkreis	$U_0 = \frac{d \cdot \pi}{2}$
Viertelkreis	$U_0 = \frac{d \cdot \pi}{4}$

1: Formeln zum Berechnen vom Kreisumfang

Wir rechnen l_2 aus:

$$l_2 = \frac{40\text{ mm} \cdot \pi}{4} = 31\text{ mm}$$

Jetzt können wir mit den zwei Teillängen die Gesamtlänge ausrechnen. Das hier ist unsere Formel:

$$L = 2 \cdot l_1 + l_2 = 2 \cdot 76\text{ mm} + 31\text{ mm} = 183\text{ mm}$$

Die gestreckte Länge ist also ein paar Millimeter kürzer als die Länge vom gebogenen Flacheisen.

Solche Berechnungen können Sie auch für Werkstücke machen, die mehrere Radien haben. Das geht für Bleche und für Vollmaterial.

Sehen Sie sich das Beispiel für die Schelle (Bild 1, S. 73) an. Nehmen Sie die Erklärungen von oben zur Hilfe und rechnen Sie es Schritt für Schritt nach.

Beispiel

Zuerst **zerlegen** Sie die Gesamtlänge in **Teillängen**.

$$L = 2 \cdot l_1 + 2 \cdot l_2 + 2 \cdot l_3 + l_4$$

Dann berechnen Sie die einzelnen Teillängen. Für die Radien benutzen Sie die **Formeln** zum Berechnen vom Kreisumfang.
Hier wissen Sie den **Biegeradius** für die kleinen Radien schon. Denn er steht in der Zeichnung. Sonst müssten Sie ihn im Tabellenbuch suchen.
Wie immer gilt hier auch: Alle Durchmesser und Radien müssen Sie auf die **Schwerpunktlinie** beziehen.

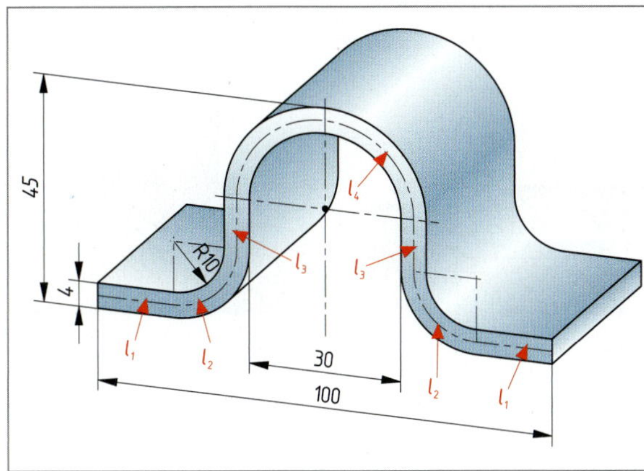

1: Schelle

Radius; Blechdicke oben und unten

$$l_1 = \frac{100\,\text{mm} - 30\,\text{mm} - 2 \cdot 10\,\text{mm} - 2 \cdot 4\,\text{mm}}{2}$$

$l_1 = 21\,\text{mm}$

$$l_2 = \frac{24\,\text{mm} \cdot \pi}{4}$$

Viertelkreis: $2 \cdot R + 2 \cdot$ halbe Blechdicke oben und unten

$l_2 = 18{,}8\,\text{mm}$

Radius; Blechdicke oben und unten

$$l_3 = 45\,\text{mm} - \frac{30\,\text{mm}}{2} - 10\,\text{mm} - 2 \cdot 4\,\text{mm}$$

$l_3 = 12\,\text{mm}$

$$l_4 = \frac{d \cdot \pi}{2}$$

Halbkreis

Durchmesser + 2 · halbe Blechdicke oben und unten

$$l_4 = \frac{34\,\text{mm} \cdot \pi}{2}$$

$l_4 = 53{,}4\,\text{mm}$

Zuletzt die **Teillängen zusammenrechnen:**

L = 2 x 21 mm + 2 x 18,8 mm + 2 x 12 mm + 53,4 mm

L = 157 mm

Werkstatthinweis

- Bei Flachstahl oder Profilstahl ist es manchmal einfacher, zuerst zu biegen und dann das Werkstück auf die richtige Länge abzuschneiden. Dafür müssen Sie dann vorher ein bisschen „Reserve" mit einberechnen.

Übungen

1. Nehmen Sie sich ein paar Reststücke und probieren Sie:
   Spannen Sie ein Flacheisen im Schraubstock fest. Versuchen Sie, es genau rechtwinklig abzuwinkeln. Versuchen Sie das Gleiche mit einem Stück Blech. Was fällt Ihnen auf? Hat es gut funktioniert und ist es leicht gegangen?
   Nehmen Sie ein paar Flacheisen mit unterschiedlicher Stärke und benutzen Sie den Winkelbieger. Nehmen Sie Biegebacken mit verschiedenen Radien. Was fällt Ihnen auf? Welche Materialstärken passen zu welchen Biegeradien?
   Stellen Sie den Anschlag am Winkelbieger auf 90° ein. Kanten Sie dann ein Stück Flacheisen ab und überprüfen Sie den Winkel. Was fällt Ihnen auf?
2. Sie sollen aus Flacheisen eine Schelle biegen. So wie in diesem Bild:

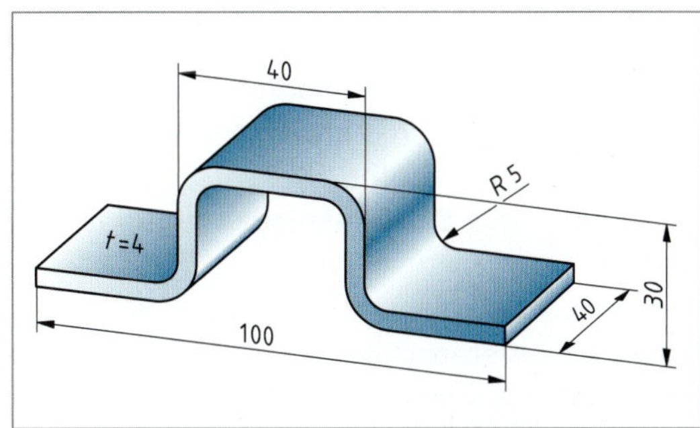

- Aus welchen Teillängen ist die Gesamtlänge vom Flacheisen zusammengesetzt?
- Wo verläuft die Schwerpunktlinie im gebogenen Werkstück?
- Wie lang muss das Flacheisen sein, aus dem Sie die Schelle herstellen?

3. Sie sollen aus Rundeisen mit 10 mm Durchmesser einen Bügel herstellen. So wie in diesem Bild:

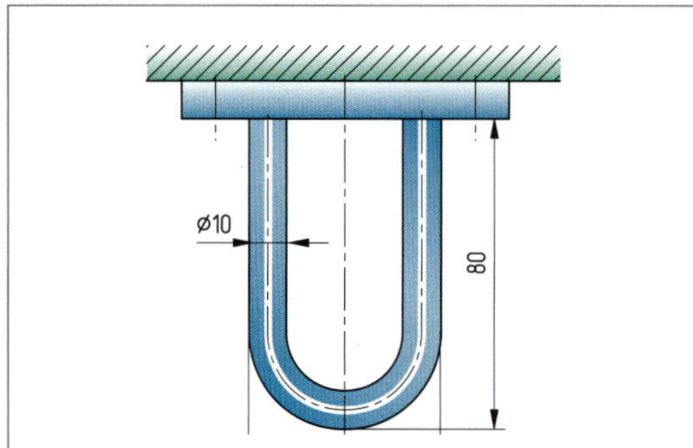

- Wie lang muss das Rundeisen sein, aus dem Sie den Bügel herstellen?

4. Was passiert, wenn Sie den Mindestbiegeradius beim Biegen unterschreiten?
5. Stahl ist flexibel und federt beim Biegen zurück. Wie können Sie ein Stück Flachstahl mit dem Winkelbieger genau im gewünschten Biegewinkel abkanten?

2.2 Bleche umformen

Bleche lassen sich sehr gut biegen. Das liegt an ihrer geringen Materialstärke. Darum können Sie dünne Bleche mit einem kleinen Radius biegen.

2.2.1 Abkanten

Beim Abkanten biegt man Bleche in einem gleichmäßigen Biegeradius entlang einer geraden Linie. Diese Bleche können mehrere Meter lang sein.
Es gibt für das Abkanten zwei verschiedene Verfahren (Bild 1): das **Schwenkbiegen** und das **Gesenkbiegen**.
Beim Schwenkbiegen arbeiten Sie mit einer **Schwenkbiegemaschine**. Beim Gesenkbiegen arbeiten Sie mit einer **Gesenk-Biegepresse**.
Beide Maschinen heißen auch: **Kantbank** bzw. **Abkantbank**.

Schwenkbiegen

Es gibt Hand-Schwenkbiegemaschinen für den manuellen, rein mechanischen Betrieb durch Muskelkraft (Bild 2). Und es gibt elektrische Schwenkbiegemaschinen (Bild 3).

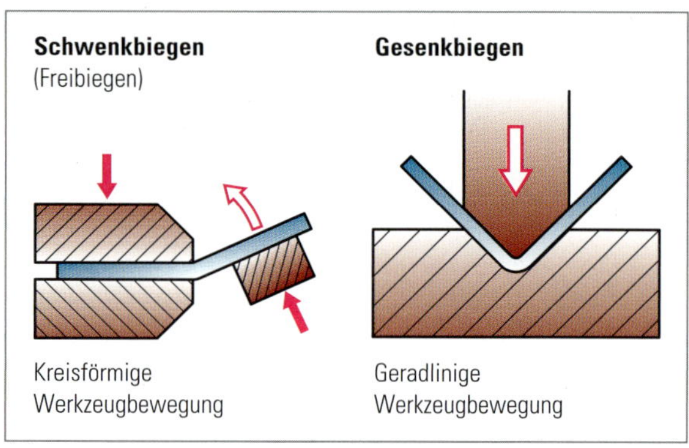

1: Schwenkbiegen und Gesenkbiegen

2: Hand-Schwenkbiegemaschine

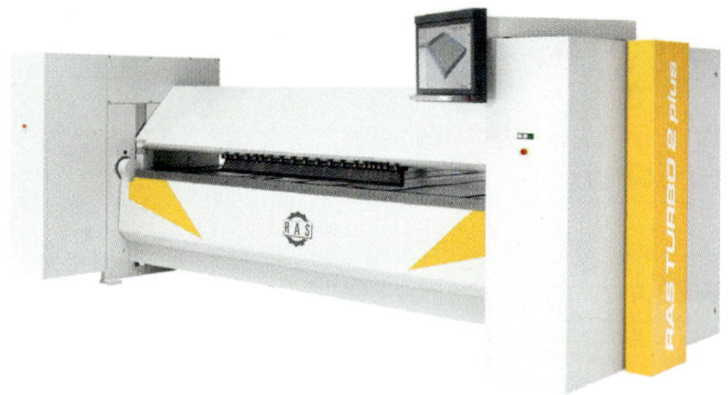

3: Elektrische Schwenkbiegemaschine

Bei einer **Hand-Schwenkbiegemaschinen** liegt der Maschinentisch hauptsächlich im hinteren Teil von der Maschine. Im vorderen Teil von der Maschine sind die sogenannten **Wangen**. Es gibt eine **Oberwange**, eine **Unterwange** und eine **Biegewange**.

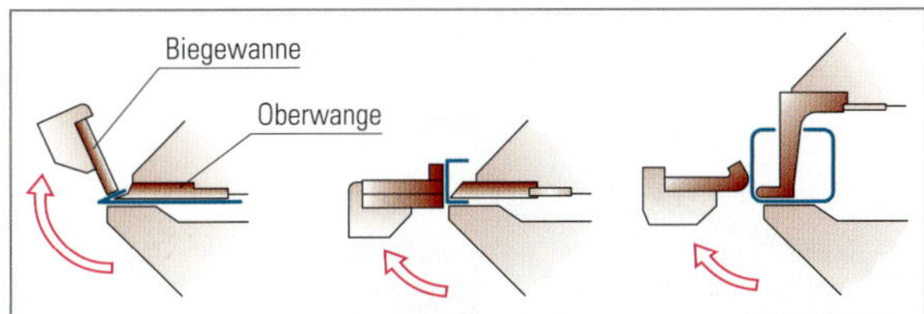

1: Schwenkbiegemaschinen mit verschiedenen Formschienen

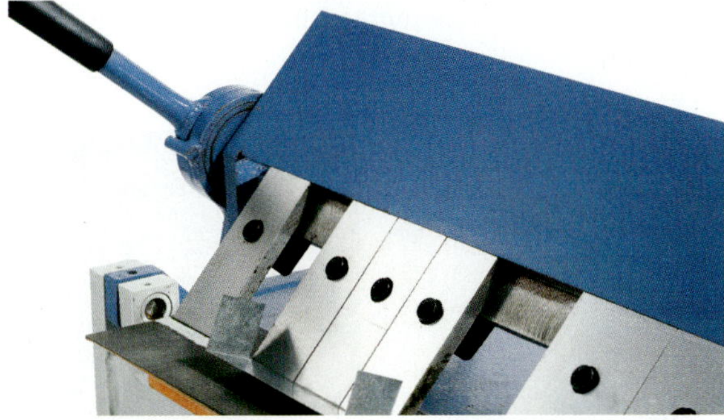

2: Schwenkbiegemaschine mit entfernten Segmenten

Beim Biegen liegt das Blech auf dem Maschinentisch. Das Stück zum Abkanten ragt zwischen der Oberwange und der Unterwange heraus (Bild 1). Die Linie zum Abkanten ist an der Vorderkante von der Oberwange und verläuft parallel dazu. Die vordere Kante von der Biegewange verläuft auch parallel zu dieser Linie.
Sie senken die Oberwange mit einem Hebel auf das Blech. Dadurch wird es zwischen Oberwange und Unterwange festgehalten. Dann schwenken Sie die Biegewange mit der Hand nach oben. Mit dieser Bewegung kanten Sie das Blech ab.
Den Biegewinkel stellt man mit einem Anschlag ein. Sie müssen auch hier beim Einstellen bedenken, dass das Blech elastisch ist und etwas zurückfedert.
Sie wissen: Für verschiedene Blechdicken brauchen Sie verschiedene Biegeradien. Dafür können Sie an einer Schwenkbiegemaschine verschiedene Formschienen einsetzen. Es gibt auch Formschienen für besonders spitze Winkel oder für geschlossene Profile (Bild 1).

Normalerweise passiert das Abkanten auf ganzer Länge von einem Blech. Sie können aber auch nur einen Abschnitt vom Blech abkanten. Dafür gibt es Schwenkbiegemaschinen, bei denen Sie Teile von der Oberwange entfernen können (Bild 2). Diese Teile heißen: **Segmente**. Wenn Sie ein Segment

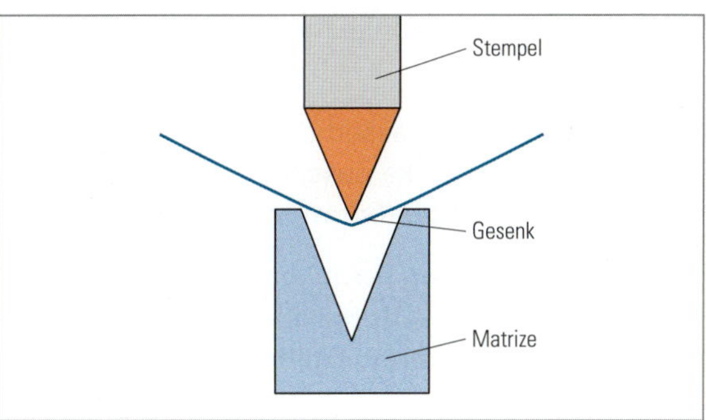

3: Gesenkbiegen

entfernen, können Sie zum Beispiel Behälter herstellen.

Elektrische Schwenkbiegemaschinen funktionieren ähnlich. Der Unterschied ist: Der Motor von der Maschine führt alle Bewegungen aus. Je nach Maschine müssen Sie die Materialstärke und den Biegewinkel vorher einstellen.

Gesenkbiegen

Es gibt Gesenk-Biegepressen nur mit Motor. Eine Gesenk-Biegepresse hat oben einen **Stempel** und unten ein **Gesenk**. Das Gesenk heißt auch: **Matrize**. Diese Begriffe kommen ursprünglich vom Schmieden.
Beim Gesenkschmieden drückt der Stempel das warme Eisen mit Kraft in eine hohle Form. Die hohle Form ist das Gesenk. So lassen sich in kurzer Zeit viele gleiche Teile herstellen. Zum Beispiel: Kurbelwellen, Einzelteile von Zangen oder Scheren, Teile für den Fahrzeugbau und vieles andere.
Beim Gesenkbiegen liegt das Blech auf dem Gesenk auf. Oder genauer: auf dem Maschinentisch vor und hinter dem Gesenk. Die Linie zum Abkanten liegt genau in der Mitte vom Gesenk. Dann fährt der Stempel runter. Er ist genau parallel zum Gesenk und fährt senkrecht darauf zu. Der Stempel drückt dann das Blech in das Gesenk. Mit dieser Bewegung kantet die Maschine das Blech ab (Bild 3).
Eine Gesenk-Biegepresse hat keinen Anschlag wie die Schwenkbiegemaschine. Sie müssen deshalb für jeden Biegewinkel das passende Abkantwerkzeug anbauen.
Sie müssen auch beim Gesenkbiegen für verschiedene Blechdicken verschiedene Biegeradien nutzen. Es gibt Stempel und Gesenke in verschiedenen Größen und Formen. Sie können sie an der Gesenk-Biegepresse austauschen.

Die Stempel und Gesenke müssen:

- zueinander passen
- zum Werkstoff passen
- zur Materialstärke passen
- zur gewünschten Form passen

Gesenk-Biegepressen arbeiten mit extrem viel Kraft. Die stärksten Gesenk-Biegepressen können „Bleche" von mehreren Zentimetern Stärke umformen.

Früher sind mit solchen Maschinen viele Unfälle passiert. Meist sind Hände oder Arme in die Presse gekommen. Darum gibt es heute oft Lichtschranken. Oder Sie müssen mit zwei Händen gleichzeitig zwei Knöpfe drücken, damit sich die Maschine bewegt.

Wenn Sie ein Werkstück mit verschiedenen Winkeln oder Formen herstellen, müssen Sie in mehreren Arbeitsschritten arbeiten. Manchmal müssen Sie die Maschine vielleicht auch umrüsten. In so einem Fall lohnt sich die Arbeit mit einer Gesenk-Biegepresse nur, wenn Sie mehrere gleiche Teile herstellen.

Beispiel

Sie sollen ein Werkstück mit verschiedenen Formen herstellen:

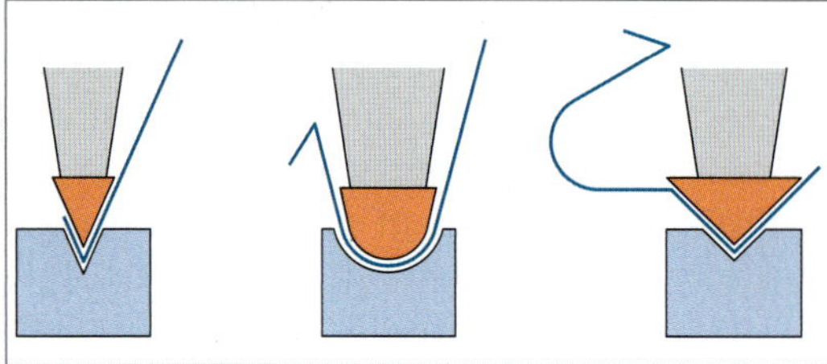

- Für dieses Werkstück brauchen Sie verschiedene Abkantwerkzeuge: Stempel und Gesenke mit verschiedenen Formen, Biegeradien und Biegewinkeln.
- Für jedes Abkanten müssen Sie die Maschine umrüsten. Das lohnt sich nicht für ein einzelnes Teil. Es eignet sich nur für eine Serienfertigung. Bei einem einzelnen Teil sollten Sie ein anderes Verfahren nehmen.

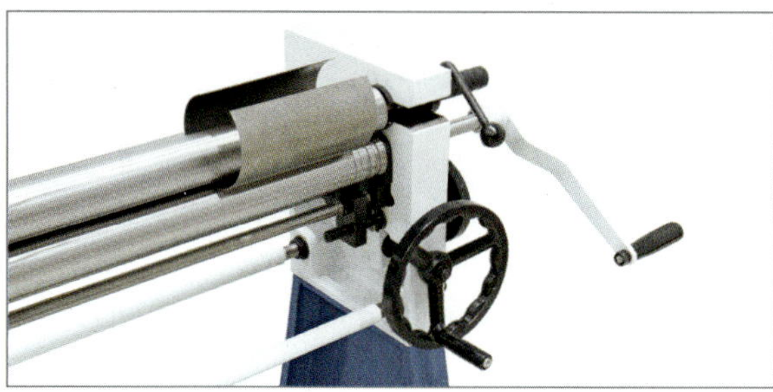

1: Dreiwalzen-Rundbiegemaschine für den manuellen Betrieb

2: Spiralförmiges Runden von Blech, zum Beispiel für eine Treppenwange

2.2.2 Walzrunden

Man kann Bleche auch **runden**. Für das Runden gibt es spezielle Werkzeuge: **Rundbiegemaschinen**. Mit Hand-Rundbiegemaschinen (Bild 1) können Sie dünne Bleche rein mechanisch runden. Für dickere Bleche brauchen Sie eine Rundbiegemaschine mit elektrischem Motor.

Mit Rundbiegemaschinen können Sie ein Blech auf verschiedene Weise umformen:

- zylindrisch
- halbrund
- kegelförmig, das heißt: konisch
- spiralförmig (Bild 2)

Die meisten Rundbiegemaschinen haben drei Walzen (Bild 1, S. 77). Darum heißen sie auch: **Dreiwalzen-Rundbiegemaschinen**. Sie lernen später noch andere Maschinen zum Umformen mit drei Walzen oder Rollen kennen.

Beim Runden formen Sie Bleche auf ganzer Länge. Sie werden dabei gleichmäßig gekrümmt.

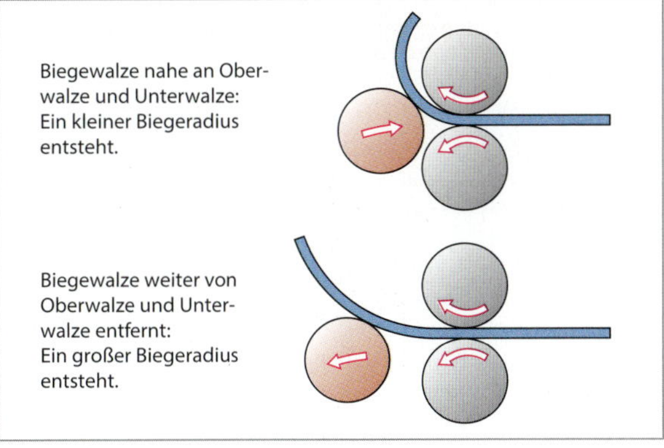

1: Dreiwalzen-Rundbiegemaschine

2: Konisch gebogene Werkstücke

Die drei Walzen sind drehbar. Sie sind in ein Maschinengestell eingebaut und auf eine besondere Art angeordnet.

Es gibt eine **Unterwalze**. Sie ist fest im Maschinengestell eingebaut und dreht sich nur.

Und es gibt eine **Oberwalze**. Die Oberwalze stellen Sie rauf und runter, je nach Materialstärke. Zwischen der Unterwalze und der Oberwalze ist das Blech fest eingeklemmt. Die beiden Walzen transportieren das Blech weiter. Die Oberwalze dreht sich dabei genau andersherum als die Unterwalze. Sie können die Oberwalze aus dem Maschinengestell lösen. Denn sonst bekommen Sie ein zylindrisches Werkstück nicht mehr von der Maschine ab.

Die dritte Walze ist die **Biegewalze**. Die Biegewalze ist verstellbar. Sie macht eine **Zustellbewegung** zu den beiden anderen Walzen hin. Die Zustellbewegung kennen Sie schon vom Spanen.

Das Blech läuft über die Biegewalze hinweg. Dadurch entsteht die runde Verformung. Sie können das Blech so in verschiedenen Radien biegen. Je nachdem, wie nah die Biegewalze an den anderen beiden Walzen ist. Wenn die Walze nahe an den beiden anderen Walzen ist, entsteht ein kleiner Radius. Wenn sie weiter entfernt ist, entsteht ein großer Radius (Bild 1).

Merke

Der Biegeradius vom Blech kann nicht kleiner sein als der Durchmesser von der Biegewalze.

Außerdem können Sie die Biegewalze bei manchen Maschinen schräg stellen. Dann entsteht ein sogenannter **Konus** (Bild 2). Das ist trichterförmig oder kegelförmig.

Dazu können Sie auch die Schwenkbiegemaschine oder die Gesenk-Biegepresse nehmen. Sie brauchen dann besondere Werkzeuge. Die Werkzeuge sind zum Beispiel halbrund oder sie haben einen sehr großen Biegeradius.

Sie können Bleche auch von Hand runden. Zum Beispiel im Schraubstock. Dabei „wickeln" Sie das Blech in mehreren Arbeitsschritten um ein Stück Vollmaterial. Das geht natürlich nur bei kleinen Durchmessern und bei kurzen Blechstücken.

Werkstatthinweise

- Bleche haben meistens einen Grat. Tragen Sie Handschuhe, wenn Sie Bleche transportieren oder mit Blechen an Werkzeugen und Maschinen arbeiten.
- Setzen Sie NIE eine Arbeitssicherung außer Kraft. Das heißt: Versuchen Sie nicht, eine Lichtschranke auszustellen. Schrauben Sie keine Schutzeinrichtungen oder Abdeckungen ab, die die Hände und Finger schützen sollen. Versuchen Sie nicht, eine Zweihandschaltung zu überlisten.
- Entgraten Sie die Bleche, mit denen Sie hantieren. Dadurch können Sie Schnittverletzungen vermeiden.
- Achten Sie immer darauf, dass Ihr Werkstück gut festgespannt ist. Oder dass die Maschine es ordentlich festklemmt.

2.2.3 Weitere Umformverfahren für Bleche

Es gibt noch viele weitere Umformverfahren für Bleche. Es gibt teilweise spezialisierte Firmen für die verschiedenen Verfahren. Hier werden sie nur kurz erwähnt. Es gibt zum Beispiel:

- **Bördeln**. Sie richten den schmalen Rand von einem Stück Blech auf ganzer Länge gleichmäßig auf. Der Unterschied zum Abkanten: Bördeln geht auch bei runden Blechteilen und gebogenen Kanten. Das Bördeln gehört zu den Verfahren, bei denen Umformen und Fügen kombiniert sind. Anwendung: Konservendosen, Karosseriebau.
- **Falzen**. Sie haken die gebördelten Außenkanten von zwei Blechen so ineinander, dass sie mit Druck fest miteinander verbunden werden. Ein Falz ist stabil und teilweise wasserdicht. Das Falzen gehört zu den Verfahren, bei denen Umformen und Fügen kombiniert sind. Anwendung: Lüftungsbau, Dachverkleidungen aus Blech.
- **Tiefziehen**. Sie stellen aus einem Blech einen Hohlkörper her, der auf einer Seite offen ist. Ein Stempel drückt den Werkstoff in die Matrize, das ist der sogenannte Ziehring. Das können Sie sich ähnlich wie beim Stanzen vorstellen. Aber der Werkstoff wird nicht durchgestoßen. Er wird nur eingedrückt. Die Materialstärke muss beim Tiefziehen überall gleich groß bleiben. Anwendung: Druckbehälter, Verkleidungen für Autos aus Blech, Verpackungstechnik.
- **Drücken**. Ein Drückwerkzeug drückt ein rundes Blech in das Drückfutter. Das Drückfutter ist eine hohle Form. Ihre Innenmaße sind wie die Außenmaße vom Werkstück. Anwendung: Autofelgen, Kochtöpfe, Druckbehälter.
- **Sicken**. Eine Maschine oder ein spezielles Werkzeug macht rinnenförmige Vertiefungen in ein Blech. Dadurch wird das Blech versteift und ist nicht mehr so leicht biegbar. Anwendung: Wellblech, Konservendosen, Benzinkanister, Karosseriebau.

Übungen

1. Sie sollen ein 5 mm starkes Stück Blech aus Baustahl rechtwinklig abkanten.
   - Welches Werkzeug wählen Sie?
   - Welchen Biegeradius müssen Sie mindestens nehmen?
   - Worauf müssen Sie sonst noch achten?
2. Überlegen Sie: Welche „Werkzeuge" kommen in Ihrem Alltag vor, mit denen Sie etwas umformen können?
3. Vergleichen Sie die Schwenkbiegemaschine und die Gesenk-Biegepresse. Nennen Sie die Vorteile und Nachteile von beiden Maschinen.

2.3 Profile umformen

Profile sind teilweise sehr schwer zu biegen. Das ist sogar Absicht. Hallen sind zum Beispiel aus Doppel-T-Trägern gebaut, damit die Konstruktion sich nicht verbiegt. Profilstähle sind biegesteif.
Es gibt verschiedene Profile (Bild 1, S. 79). Das haben Sie sicher schon im Arbeitsalltag gesehen. Manche Profile sind symmetrisch, andere nicht.
Unsymmetrische Profile sind besonders schwer zu biegen. T-Profile und L-Profile sind zum Beispiel unsymmetrisch.
Hier geht es hauptsächlich um das Biegen von unsymmetrischen Profilen wie T-Profilen oder L-Profilen. Rohre gehören natürlich auch zu den Profilen.

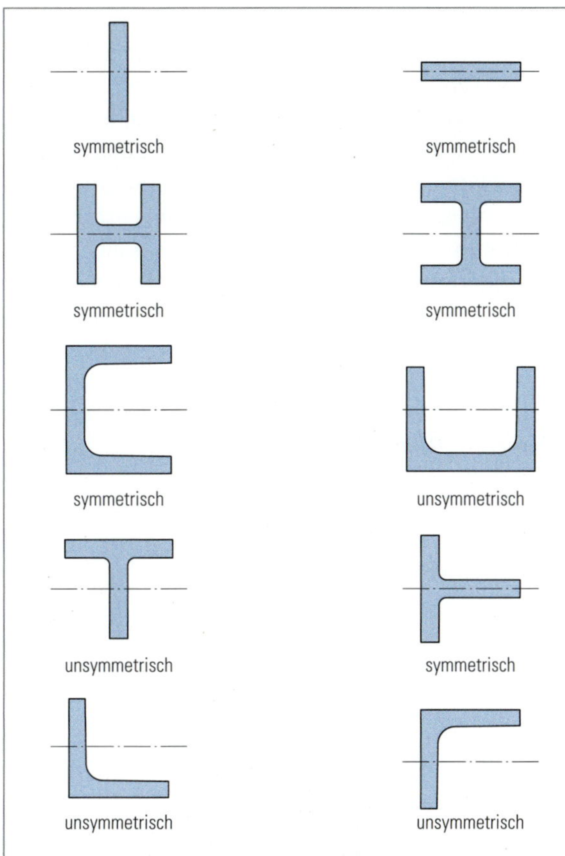

1: Verschiedene Profile: symmetrisch oder unsymmetrisch

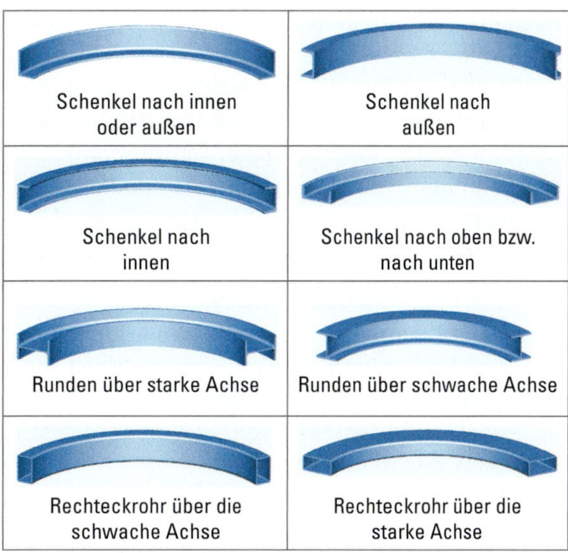

2: Verschiedene gebogene Profile

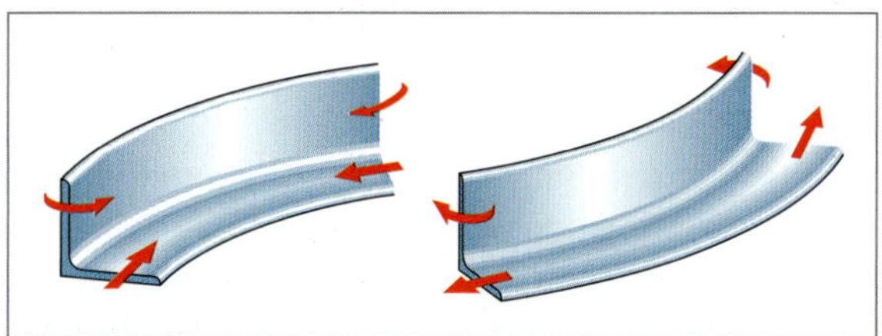

3: Winkeleisen biegen

2.3.1 Profile biegen

Beim Umformen verändert sich das Gefüge vom Werkstoff. An der Außenkante vom Werkstück wird es gestreckt und an der Innenkante wird es gestaucht.

Bei Profilen ist aber nicht überall gleich viel Werkstoff vorhanden. Bei einem Profil kann beim Biegen an der Außenkante viel mehr Werkstoff sein als an der Innenkante. Und es kann genau umgekehrt sein (Bild 2).

Merke

Profile biegen ist schwierig. Denn der Werkstoff ist nicht gleichmäßig verteilt.

Stellen Sie sich ein Winkeleisen vor. Das heißt auch: **L-Profil**. Es ist unsymmetrisch. Beim Biegen verhält sich deshalb das L-Profil anders als ein Blech oder ein Flacheisen. Denn: Beim Winkeleisen gibt es einen liegenden Schenkel. Und es gibt einen stehenden Schenkel. Sie können in zwei Richtungen biegen. Entweder Sie biegen über den liegenden Schenkel oder über den stehenden Schenkel (Bild 3).

Jetzt sehen Sie direkt das Problem: Sie müssen den einen Schenkel sehr stark strecken und den anderen sehr stark stauchen. Dadurch verformt sich das Winkeleisen zusätzlich. Der liegende Schenkel kann auf der Außenseite sein. Dann biegt sich das Winkeleisen etwas auf. Der liegende Schenkel kann auch auf der Innenseite sein. Dann biegt sich das Winkeleisen etwas zusammen.

Das können Sie mit einem Streifen Pappe nachmachen. Nehmen Sie den Streifen und knicken Sie ihn auf ganzer Länge um 90°. Dann versuchen Sie, ihn zu biegen. Einmal mit dem liegenden Schenkel nach innen. Und einmal mit dem liegenden Schenkel nach außen. Sie sehen: Der Winkel vom gefalteten Papier ändert sich.

Genau genommen ist der liegende Schenkel vom L-Profil das Problem. Als Vergleich nehmen wir als Beispiel ein Flacheisen. Sie können aus einem

Flacheisen leicht einen Ring formen, wenn es auf der Kante steht. Aber es ist sehr schwierig, wenn das Flacheisen liegt. Es wird sich immer verdrehen oder nach oben wölben. So wie eine Kurve von einer Rennstrecke oder von einer Carrerabahn.
Wie kann man verhindern, dass sich das Winkeleisen beim Biegen verzieht? Es gibt mehrere Möglichkeiten:

- den Biegeradius so groß wie möglich machen
- das Werkstück warm, statt kalt verformen
- den liegenden Schenkel vorher gezielt stauchen, das heißt: einziehen
- den liegenden Schenkel vorher gezielt strecken, das heißt: schweifen
- Biegeschablonen benutzen
- Winkel vom L-Profil vor dem Biegen zusammendrücken oder aufdrücken, je nach Biegerichtung
- mit einer Biegemaschine für Profile arbeiten

2.3.2 Walzbiegen

Profile können Sie mit **Walzen-Biegemaschinen** biegen. Die funktionieren so ähnlich wie Rundbiegemaschinen. Sie haben auch drei Walzen.
Die Walzen sehen aus wie flache Rollen. Je nach Maschine liegen die Walzen waagerecht oder senkrecht. Die Walzen gibt es mit verschiedenen Profilen. Zum Beispiel für verschiedene Profilstähle.
Es gibt Walzen-Biegemaschinen für den manuellen Betrieb. Damit bewegen Sie die Walzen mit einer Kurbel (Bild 1). Außerdem gibt es Biegemaschinen mit elektrischem Motor (Bild 2).
Walzen-Biegemaschinen haben zwei feststehende Walzen nebeneinander. Die heißen: **Frontrollen**. Die Frontrollen sind auf der Außenseite vom Profil. Sie werden gedreht. Dadurch transportieren sie das Profil weiter. Außerdem gibt es noch eine dritte Walze. Die heißt: **Zentralrolle**. Sie ist auf der Innenseite vom Profil. Sie macht die **Zustellbewegung** zu den beiden anderen Rollen hin. Durch den Druck mit der Zentralrolle entsteht die Verformung. Die Zentralrolle lässt sich in unterschiedlichen Entfernungen zu den äußeren Rollen einstellen. Damit stellt man den Radius ein (Bild 3): Die drei Rollen können nahe beieinander sein. Dann entsteht ein kleiner Radius. Die drei Rollen können aber auch weiter voneinander entfernt sein. Dann entsteht ein großer Radius.

Merke Der Biegeradius vom Werkstück kann nicht kleiner sein als der Durchmesser von der Zentralrolle.

1: Profil-Biegemaschine mit Handkurbel

2: Elektrische Walzen-Biegemaschine

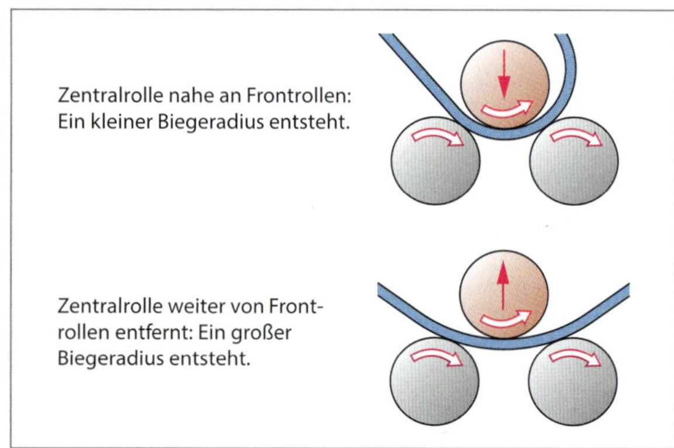

3: Walzenbiegen

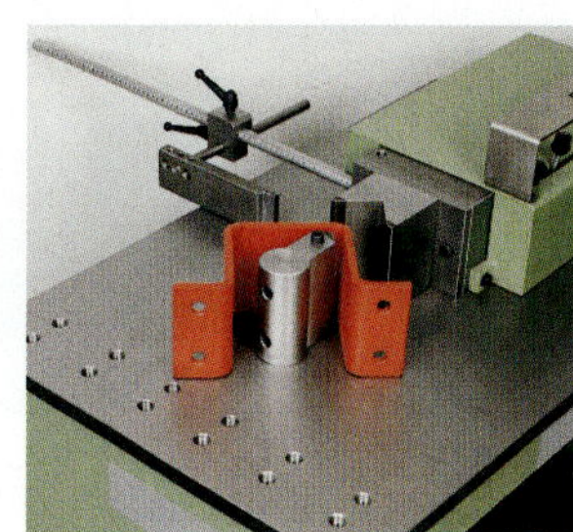

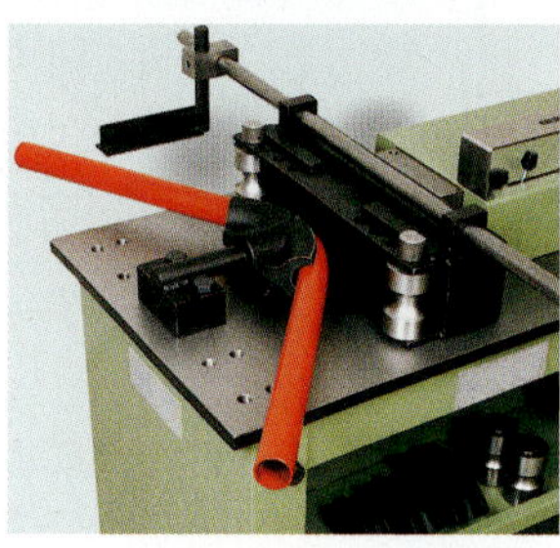

1: Biegezentrum mit Arbeitsbeispielen

Es gibt spezielle Walzen für T-Profile und L-Profile. Diese Walzen pressen das Werkstück ganz fest an. So kann es sich nicht in irgendeine Richtung verdrehen. Dann liegt zum Beispiel auch der innenliegende Schenkel von einem L-Profil schön plan auf einer Fläche auf.

Neben den Walzen-Biegemaschinen gibt es noch das sogenannte **Biegezentrum** (Bild 1). Es hat Werkzeuge für verschiedene Biegearbeiten. Mit einem Biegezentrum können Sie daher zum Beispiel:

- Winkeleisen rechtwinklig abkanten
- Rohre biegen
- flach liegende Flachstähle biegen
- hochkant stehende Flachstähle biegen

2.3.3 Profile abkanten

Profile kann man auch im rechten Winkel abkanten. Das machen Sie an einem Schraubstock oder an einem Biegezentrum. Sie können aber nicht alle Profile gleich gut scharfkantig biegen.

L-Profile und U-Profile können Sie gut scharfkantig biegen. T-Profile und I-Profile können Sie nur in die symmetrische Richtung scharfkantig biegen.

Vor dem Biegen müssen Sie das Profil **ausklinken** (Bild 2 und Bild 1, S. 82). Das heißt: Sie müssen eine Ecke aus dem Profil rausschneiden. Sonst ist das Profil nicht biegbar.

Bei einem L-Profil können Sie das Vorgehen gut erkennen (Bild 2, S. 82). Deswegen wird es hier gezeigt. Aber mit einem U-Profil und mit einem T-Profil machen Sie das genauso.

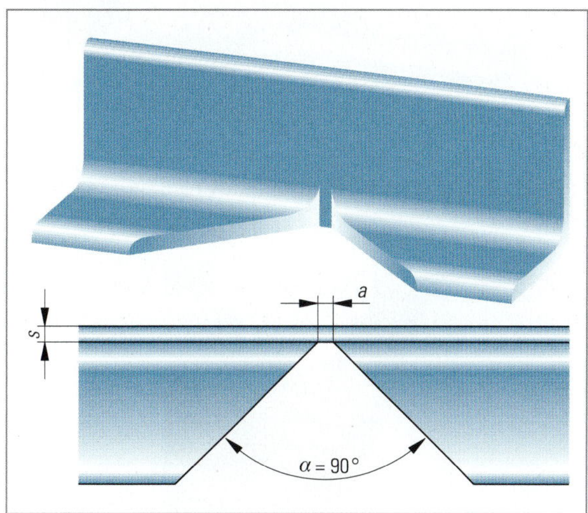

2: Profil ausklinken mit Fase

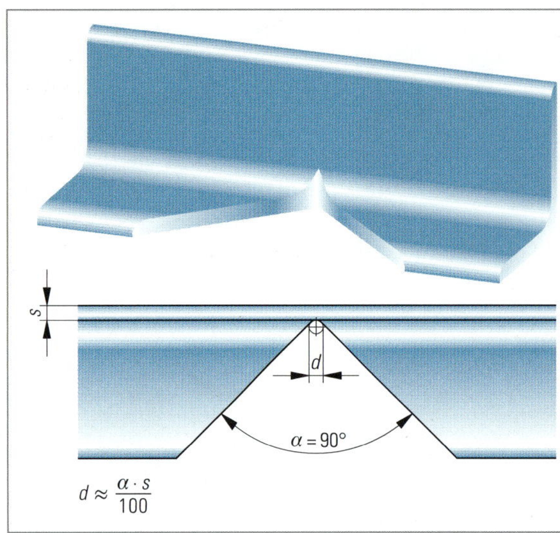

1: Profil ausklinken mit Bohrung

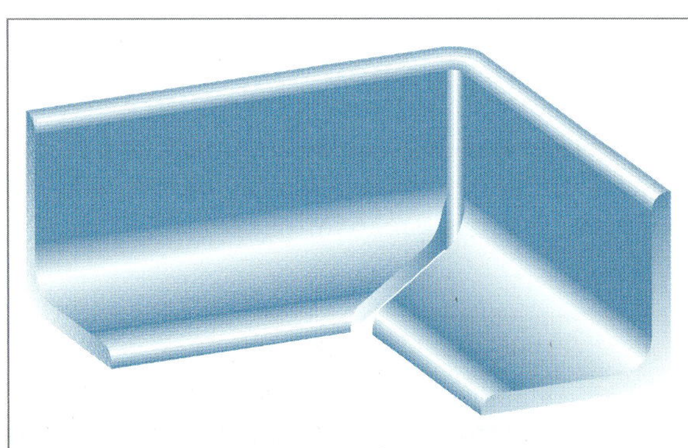

2: Ausgeklinktes und gebogenes L-Profil

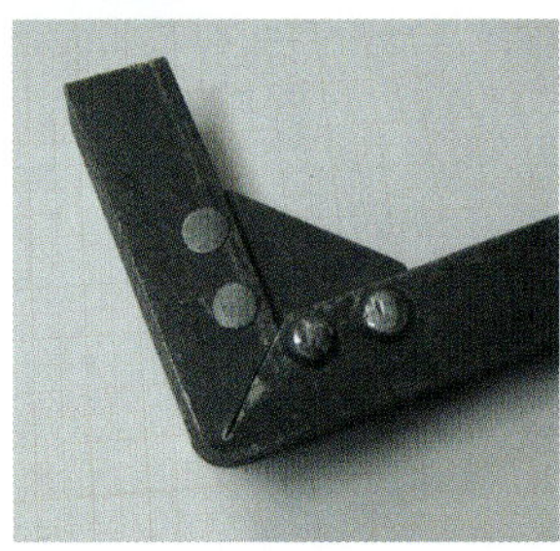

3: Biegefehler nach unsymmetrischem Ausklinken

Wichtig ist: Die Ausklinkung muss symmetrisch sein. Sonst ist das Werkstück nicht maßhaltig und sieht „verrutscht" aus (Bild 3).
Sie müssen das Profil immer im passenden Winkel ausklinken. Er muss so groß wie der Biegewinkel sein. Sonst treffen die Schenkel nicht passend aufeinander.

Merke

Die Ausklinkung ändert sich je nach Biegewinkel.

Beispiele

- Sie sollen ein Profil mit einem rechten Winkel abbiegen. Dazu klinken Sie aus dem Profil eine Ecke von 90° aus.
- Sie sollen ein L-Profil mit einem Biegewinkel von 10° abwinkeln. Der Öffnungswinkel ist also ein sehr stumpfer Winkel. Sie müssen also nur eine sehr schmale Ecke aus dem Profil ausklinken. Diese Ecke hat 10°.
- Sie sollen ein L-Profil mit einem Biegewinkel von 150° abwinkeln. Der Öffnungswinkel ist also ein sehr spitzer Winkel. Sie müssen also eine sehr breite Ecke aus dem Profil ausklinken. Diese Ecke hat 150°.

Achten Sie darauf, dass Sie nicht den Biegewinkel und den Öffnungswinkel verwechseln.

Merke

Der Biegewinkel ist das Maß, um wie viel Grad das Werkstück gebogen wird.
Der Öffnungswinkel ist das Maß, um wie viel Grad das Werkstück nach dem Biegen gebogen ist.

Werkstatthinweise

- Biegemaschinen arbeiten zwar mit viel Kraft. Aber auch Biegemaschinen haben ihre Grenzen. Darum können sie möglicherweise nicht jeden Biegeradius in einem einzigen Arbeitsschritt schaffen. Walzen Sie das Werkstück lieber mehrere Male hintereinander. Mit jedem Arbeitsschritt machen Sie den Biegeradius etwas kleiner. Bis Sie den Radius erreicht haben, in dem Sie biegen sollen. So können Sie das Maß zwischendurch kontrollieren. Und die Gefahr ist kleiner, dass die Maschine kaputt geht.
- Reißen Sie Ausklinkungen ordentlich an. Es ist ärgerlich, wenn die beiden Schnittkanten vom Ausklinken nach dem Biegen nicht gleich sind.
- Versuchen Sie nicht, einer Walzen-Biegemaschine zu „helfen". Die Biegemaschine transportiert das Werkstück von selbst. Wenn es mal nicht weitergeht, schieben Sie nicht nach! Die Walze kann ohne Weiteres Ihre Finger mit reinziehen und sie walzen. Statt zu schieben, stellen Sie die Zentralwalze etwas zurück.
- Wenn Sie mit einem Biegezentrum arbeiten: Achten Sie immer darauf, dass das Werkstück ganz auf dem Maschinentisch aufliegt. Sonst kann es sich beim Biegen nach oben hin verziehen.

Übungen

1. Warum lassen sich manche Profile nur schlecht biegen?
2. Welche Profile lassen sich gut biegen, welche schlecht?
3. Beschreiben Sie, wie Sie ein Stück U-Profil:
   - mit einem großen Biegeradius biegen.
   - um 90° abkanten.
4. Erklären Sie, wie Sie mit einer Walzen-Biegemaschine Profile runden.

2.4 Rohre umformen

Es ist bei den Rohren genauso wie bei den anderen Profilen: Sie können sie nicht so wie ein Stück Flachstahl biegen. Wenn Sie ein Rohr scharfkantig umbiegen, wird es an der Außenkante reißen. Und an der Innenkante quetscht sich der Werkstoff zusammen und Falten entstehen (Bild 1).
Gründe für das Reißen und Quetschen sind:

- Der Biegeradius ist zu klein.
- Der Werkstoff vom Rohr ist nicht elastisch genug.
- Die Wand vom Rohr ist zu dünn.
- Der Durchmesser vom Rohr ist zu groß.
- Der Biegewinkel ist zu groß.

Merke

Ziele beim Biegen von Rohren sind:
- richtiger Biegeradius
- richtiger Biegewinkel
- keine Änderung im Rohrquerschnitt
- keine Risse auf der Außenkante
- keine Falten auf der Innenkante

Außerdem müssen Sie bei geschweißten Rohren darauf achten: Die Schweißnaht soll nicht an der Innenkante oder an der Außenkante verlaufen. Sondern oben oder unten. Nämlich da, wo die neutrale Zone ist. Dann kann die Schweißnaht nicht reißen.
Es gibt verschiedene Techniken und Werkzeuge, mit denen Sie Rohre ordentlich biegen können.

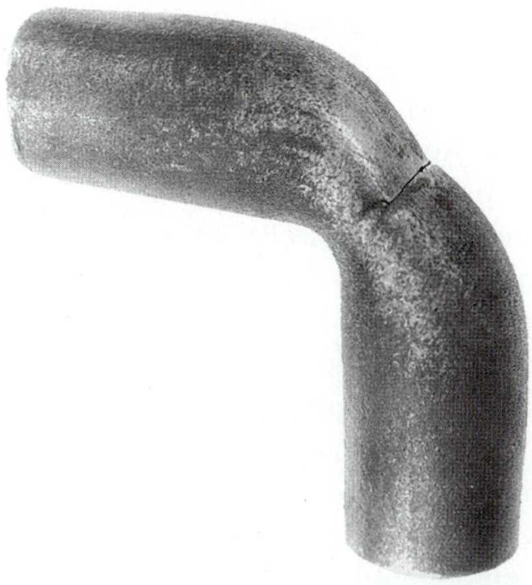

1: Beispiel für ein schlecht gebogenes Rohr

2.4.1 Werkzeuge und Maschinen zum Biegen von Rohren

Rohre können Sie mit Walzen-Biegemaschinen biegen. So wie Profile (siehe S. 80). Die Walzen zum Biegen von runden Rohren sind an die Rundung vom Rohr angepasst. Es gibt also Walzen mit unterschiedlichen „Rillen" für die verschiedenen Rohrdurchmesser.

Auch hier gibt es drei Walzen zum Biegen: zwei Frontrollen und eine Zentralrolle. Der Abstand zwischen der Zentralrolle und den Frontrollen bestimmt den Radius. Es gibt auch eine Besonderheit: Bei einigen Maschinen können Sie nämlich die Höhe von der Zentralrolle verändern. Damit können Sie ein Rohr spiralförmig biegen (Bild 1).

Es gibt auch Biegevorrichtungen, mit denen Sie von Hand schnell und einfach Rohre biegen können (Bild 2).

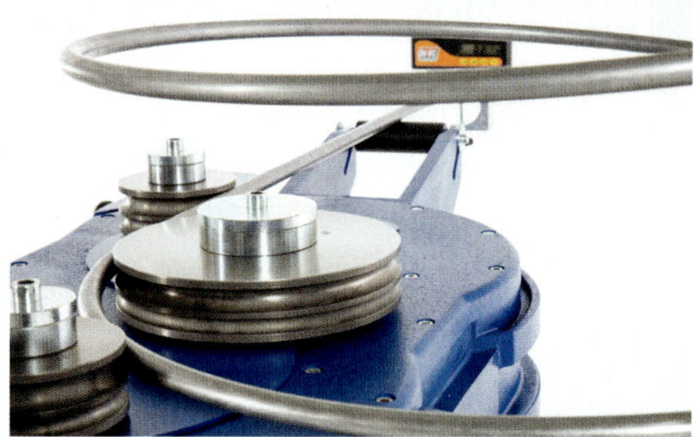

1: Spiralförmig gebogenes Rohr in einer Walzen-Biegemaschine

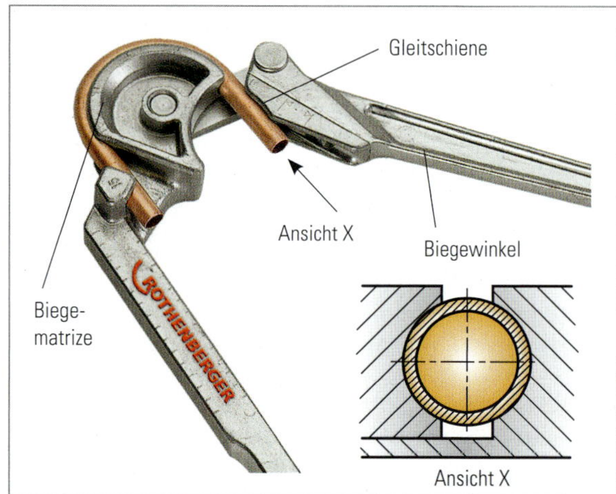

2: Rohrbiegevorrichtung

2.4.2 Weitere Verfahren zum Umformen von Rohren

- **Pressbiegen** machen Sie an einem Biegezentrum. Das geht mit dickwandigen Rohren und kleineren Biegeradien. Die Maschine drückt das Rohr mit einer sogenannten hydraulischen Matrize gegen zwei feststehende Gegenhalter und verformt es so. Die Matrize ist halbrund geformt. Der Biegeradius vom Rohr wird also genau so, wie das Maß von der Matrize ist. Vorteil: Das Biegen geht relativ schnell. Nachteil: Es ist nicht für dünnwandige Rohre geeignet.
- Für das **Rotationsbiegen** brauchen Sie einen Aufbau mit einer einzigen Biegerolle. Und mit einer Gleitschiene als Gegenhalter. Sie klemmen das Rohr an der Biegerolle fest. Dann drehen Sie die Biegerolle. Dabei ziehen Sie das Rohr um die Biegerolle herum. Der Biegeradius vom Rohr ist dann so wie der Radius von der Biegerolle. Vorteil: Dieses Werkzeug können Sie selbst bauen. Nachteil: Sie können mit einer Biegerolle nur genau einen bestimmten Radius biegen.
- Das **Kompressionsbiegen** funktioniert so ähnlich wie das Rotationsbiegen. Dabei gibt es eine sogenannte stationäre Biegerolle. Das ist aber keine richtige Rolle. Es ist eine fest eingebaute, rund geformte Biegebacke. Sie klemmen das Rohr zwischen die Biegerolle und ein festes Klemmstück. Dann fahren Sie mit einem beweglichen Gleitschlitten um die Biegerolle herum und biegen so das Rohr. Der Biegeradius vom Rohr ist dann so wie der Radius von der Biegerolle. Vorteil: Dieses Werkzeug können Sie selbst bauen. Nachteil: Sie brauchen für jeden Radius ein extra Werkzeug.
- Das **Dornbiegen** nehmen Sie für kleine Biegeradien, für komplizierte Biegungen oder für dünnwandige Rohre. Für das Dornbiegen gibt es spezielle Maschinen. Viele von diesen Maschinen sind CNC-gesteuert. Das Besondere am Dornbiegen ist der sogenannte Dorn. Der Dorn, das Rohr und die Biegerolle müssen zusammenpassen. Der Dorn steckt nämlich beim Biegen im Rohr. Er ist so dick wie der Innendurchmesser vom Rohr. Zuerst

klemmt das Rohr zwischen einer Gleitschiene und der Biegerolle. Dann zieht das Klemmstück das Rohr um die Biegerolle herum. Jetzt kommt der Dorn ins Spiel. Der steckt im Rohr. Und das Rohr wird sozusagen um den Dorn herum gebogen. Darum verändert sich in der Biegezone der Rohrquerschnitt nicht. Und es entstehen keine Falten. Vorteil: Sie können in sehr kleinen Radien biegen und das Rohr behält seinen Querschnitt. Nachteil: Sie brauchen diese spezielle und teure Maschine.

Handwerkliches Biegen von Rohren
Sie können Rohre auch handwerklich umformen und biegen. Das können Sie so erreichen: Sie füllen das Rohr mit trockenem Sand. Die Rohrenden müssen Sie dann natürlich verschließen. Dann wärmen Sie das Rohr mit dem Brenner. Nun können Sie es zum Beispiel um eine Schablone biegen. Der Sand verhindert die Veränderung vom Rohrquerschnitt. Und durch die Wärme lässt es sich leichter biegen. Der Sand speichert außerdem die Wärme. Dadurch können Sie das Rohr länger umformen.
Sie können statt dem Sand auch mit einer Drahtspirale arbeiten. Die ist so dick wie der Innendurchmesser vom Rohr. Und sie verhindert auch eine Veränderung vom Rohrquerschnitt.

Werkstatthinweise

- Überlasten Sie das Werkzeug und das Werkstück nicht! Biegen Sie lieber in mehreren Arbeitsschritten.
- Rohre federn beim Biegen nicht so stark zurück wie ein Stück Blech. Wenn Sie in mehreren Arbeitsschritten biegen, überprüfen Sie zwischendurch immer den Biegeradius.

Übungen

1. Erklären Sie, was Sie beim Biegen von Rohren beachten müssen.
2. Welches Biegeverfahren wählen Sie:
   - zum Biegen von einem dickwandigen Rohr mit einem kleinen Biegeradius?
   - zum Biegen von einem dickwandigen Rohr mit einem großen Biegeradius?
   - zum Biegen von einem dünnwandigen Rohr mit einem kleinen Biegeradius?
3. In welchen Fällen kann beim Rohrbiegen die Außenkante reißen und die Innenkante gequetscht sein?
4. Warum füllt man ein Rohr vor dem Biegen mit Sand?

Symbole

A

B

C

D

E

F

G

H

I

K

L

M

N

O

P

Q

R

S

T

U

V

W

Z

Bildquellenverzeichnis

Autorin und Verlag danken den genannten Firmen, Institutionen und Personen für die Überlassung von Vorlagen bzw. Abdruckgenehmigungen folgender Abbildungen:

AIR LIQUIDE Deutschland GmbH, Düsseldorf: S. 56.2a – **ALMI Machinefabriek BV**, NL- JK Vriezenveen: S. 50.2 – **Arnz FLOTT GmbH**, Remscheid: S. 39.1 – **BESSEY Tool GmbH & Co. KG**, Bietigheim-Bissingen: S. 47.2b–d; 48.1g–m – **Christof Braun**, Dortmund: S. 68.1, 2 – **Drechselstube Neckarsteinach**, Neckarsteinach: S. 17.2 – **GLASER GmbH & Co. KG**, Bamberg: S. 71.1; 80.1 – **Grafische Produktion Neumann**, Rimpar: S. 2.2; 4.1, 4; 13.1; 15.1; 17.1, 3; 18.1, 2; 21.1; 24.1; 38.1; 42.1, 2; 43.1, 3; 44.2, 3; 45.1; 49.1b; 57.1; 58.2; 65.1; 66.1; 67.1; 69.1; 70.1, 2; 71.2; 75.1, 3; 76.links; 77.1; 79.1; 80.3; 81.2; 82.1 – **HOLZMANN MASCHINEN GmbH**, A-Haslach: S. 26.1 – **JUTEC Biegesysteme GmbH & Co. KG**, Limburg: S. 84.1 – **Kjellberg-Holding GmbH**, Finsterwalde: S. 61.2 – **Volker Lindner**, Recklinghausen: S. 3.1; 4.2, 3, 5 – **Meister Stahlbau AG**, CH-Wittenbach: S. 76.2b; 77.2 – **Paul Ferd. Peddinghaus GmbH**, Gevelsberg: S. 50.1 – **Planungs- und Ing.-Büro Appel**, Kattendorf: S. 1.1; 2.1; 4.6; 5.1; 6.1, 2a–g; 7.1, 2; 8.1; 9.1; 9.2a–e; 10.1; 11.1; 12.1; 14.1; 15.2; 16.1, 2; 19.1, 2; 21.2; 22.1, 2, 3; 23.1; 24.2, 3; 25.1; 27.1, 2d; 28.1, 2; 30.1; 31.1; 32.1a–d; 33.1e–p; 34.1; 37.2; 40.2; 43.2; 44.1; 46.1, 2; 47.1, 3; 48.1a–f; 52.1c, 2a; 53.1; 61.1; 62.1; 64.1; 68.3; 73.1; 73.rechts; 74.1; 74.links; 76.2a; 79.2a–h, 79.3a+b; 82.2 – **PWA HandelsgesmbH**, www.bernardo.at, A-Linz: S. 75.2; 76.1 – **RAS Reinhardt Maschinenbau GmbH**, Sindelfingen: S. 74.3 – **Roland Steinert Drechselzentrum Erzgebirge – steinert®** / www.drechslershop.de, Olbernhau: S. 40.1 – **ROTHENBERGER Werkzeuge GmbH**, Kelkheim: S. 84.2 – **Sandvik Tooling Deutschland GmbH**, GB Coromant, Düsseldorf: S. 23.2a–c – **Schechtl Maschinenbau GmbH**, Edling: S. 74.2 – **Jörg Schieck**, Meldorf: S. 82.3 – **Schröder-Fasti Technologie GmbH**, Wermelskirchen: S. 49.1a – **Shutterstock Images LLC**, New York, USA: S. 37.3©Dimik_777; 57.3©Soraya Plaithong – **Stadtwerke Solingen GmbH**, Solingen: S. 59.2, 3 – **Stefan Metallkonstruktionen GmbH**, Langenmosen: S. 57.2 – **Stierli Bieger AG**, CH-Sursee: S. 81.1a–e – **TECHNOLIT® GmbH**, Großenlüder: S. 56.2b – **TRUMPF GmbH + Co. KG**, Ditzingen: S. 52.2b; 63.1; 70.3a+b – **TRUMPF Schweiz AG**, CH-Grüsch: S. 52.1a+b – **Walter AG**, Tübingen: S. 23.2d – **WITT-Gasetechnik GmbH & Co KG**, Witten: S. 56.1 – **ZINSER GmbH**, Albershausen: S. 55.1 – **Zopf Biegemaschinen GmbH**, Haldenwang: S. 80.2 – **ZPS-FRÉZOVACÍ NÁSTROJE a.s.**, CZ-Zlin: S. 27.2a-c

Für die besonders tatkräftige Unterstützung bei der Erstellung dieses Buches sei folgender Firma herzlich gedankt:

Vieler International GmbH & Co. KG, Iserlohn